燃香品茶260问

郑春英——主编

中国农业出版社

图书在版编目（CIP）数据

燃香品茶260问 / 郑春英主编．— 北京：中国农业出版社，2016.12（2025.1重印）
ISBN 978-7-109-21977-9

Ⅰ．①燃… Ⅱ．①索… Ⅲ．①茶文化－中国－问题解答 Ⅳ．①TS971-44

中国版本图书馆CIP数据核字（2016）第186925号

中国农业出版社出版
（北京市朝阳区麦子店街18号楼）
（邮政编码100125）
策划编辑　李梅
责任编辑　李梅

北京中科印刷有限公司印刷　新华书店北京发行所发行
2017年1月第1版　2025年1月北京第6次印刷

开本：710mm × 1000mm　1/16　　印张：9.75
字数：200千字
定价：39.90元

「身是香炉，心是香子，香烟一性分明是。」

悠然、四弃，飘渺而通悠；伴月、闻思，

隽永而放逸。

目 录 CONTENTS

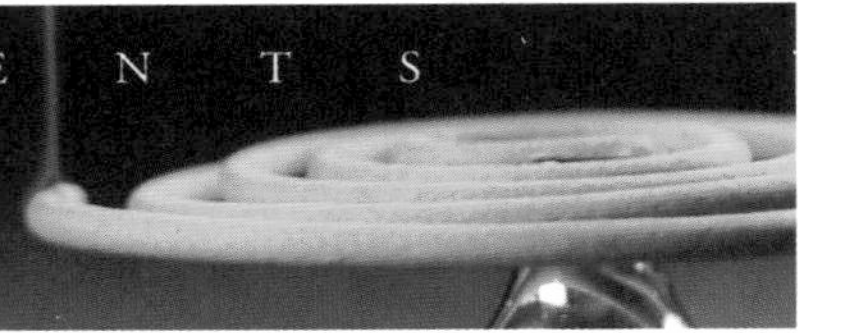

古人的香生活

古人用香

001 中国的香源于何时 | 22

002 中国香文化的发展阶段是怎样划分的 | 23

003 燎祭焚烧的物品仅限于植物吗 | 23

004 古代的香的用途有哪些 | 23

005 春秋战国时期的祭祀用香有哪些 | 23

006 先秦时期的生活用香有哪些用法 | 24

007 如何划分香品 | 24

008 古代如何看待单品香与合香 | 24

009 先秦时期古人多用什么熏香 | 24

010 古人为什么喜欢用香 | 25

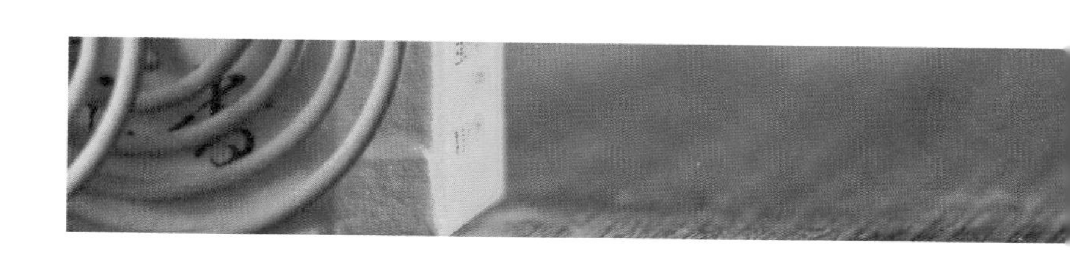

汉代

011 汉代用香有什么特点 | 25

012 汉代香药的品种有哪些 | 26

013 什么是“多穴熏炉” | 26

014 较早的合香记载出现在什么时候 | 26

015 道家与香有怎样的渊源 | 26

魏晋

016 魏晋时期香文化是如何发展的 | 27

017 魏晋南北朝时期香药有什么特点 | 27

018 魏晋时期的熏香有什么特点 | 27

019 魏晋时期合香有哪些用途 | 28

020 魏晋时期怎样使用合香 | 28

021 魏晋时期合香有哪些形态 | 28

022　范晔的《和香方》是一本什么样的书 | 28
023　魏晋时期有哪些善于用香的著名医学家 | 29
024　佛家为何推崇用香 | 29

隋唐

025　隋唐时期用香的特点是什么 | 30
026　唐代熏烧类的香品有哪些形态类型 | 30
027　何为唐代“印香” | 30
028　何为唐代“香炷” | 30
029　何为唐代“香兽” | 31
030　何为唐代的“隔火熏香” | 31
031　“苏合香丸”有何功效 | 31
032　什么是“古代的口香糖” | 31
033　香药用于医疗养生有哪些方式 | 32
034　香药在唐代医学中有哪些用法 | 32
035　唐代医药学家孙思邈与香有什么渊源 | 32
036　隋唐时期宫廷用香有什么特点 | 32
037　唐代有哪些著名的香学著作 | 33
038　唐代喜欢香的文人有哪些 | 33

宋元

039　为什么说宋代是香文化发展的鼎盛时期 | 34
040　宋代文人什么时候用香 | 34
041　宋代文人为何爱香 | 35
042　宋代喜欢香的文人有哪些 | 35

043　苏轼喜欢什么香 | 36
044　黄庭坚与苏轼唱和的有关香的诗句是什么 | 36
045　宋代香品有哪些形态 | 37
046　宋代香品有什么特点 | 37
047　宋代熏香的炭饼与香灰有什么讲究 | 37
048　宋代流行的印香是如何制作的 | 37
049　印香有什么用途 | 38
050　宋元时期的线香是如何制作的 | 39
051　什么是香墨 | 39
052　什么是香茶 | 39
053　“龙凤团茶”里有香料吗 | 39

054 宋代市井生活中香文化的蓬勃发展体现在哪里 | 40
055 宋代使用香药的医方有哪些 | 40
056 宋代的香学著作有哪些 | 40
057 《西厢记》中香扮演了怎样的角色 | 41
058 “红袖添香”体现了古代文人怎样的精神追求 | 41
059 为什么岭南地区盛行熏香 | 41

明清

060 明清时期用香的特点是什么 | 42
061 明清时期比较流行的香的形态是什么样的 | 42
062 明清时期售卖香材的“东粤四市”是哪里 | 43
063 明清时期的香学著作有哪些 | 43
064 明清时期文人用香有什么特点 | 43
065 明清时期哪些文学作品提到了香 | 43
066 归结起来，古代的香有哪些样式 | 44
067 什么是煮香 | 47
068 什么是斗香 | 47

古代香故事

069 椒房的故事是怎样的 | 48
070 汉武帝在香文化的发展中发挥了怎样的作用 | 49
071 汉桓帝赐鸡舌香的故事是怎样的 | 49

072　曹操铜雀分香是怎么回事 | 49
073　傅粉何郎的故事是怎么回事 | 50
074　“偷香”一词是怎么来的 | 50
075　为何说石崇的厕所是高级厕所 | 50
076　梁武帝沉香祭天是怎么回事 | 51
077　隋炀帝的“沉香火山”是怎么回事 | 51
078　小周后“鹅梨帐中香”的故事是怎样的 | 52
079　宋太祖赵匡胤为什么被称为“香孩儿” | 52
080　阿罗汉与檀香的传说是怎样的 | 52
081　香手菩萨的故事是怎样的 | 53
082　香港与香药有关系吗 | 53

古代香具

083　先秦时期的香具是怎样的 | 54
084　汉代的香具有哪些 | 54
085　博山炉是如何问世的 | 55
086　熏球是什么时候开始使用的 | 57
087　汉代的熏笼、香灯有什么用途 | 57
088　南北朝时的香具有什么特点 | 58
089　唐代有哪些典型的香具 | 58
090　唐代香具有什么特点 | 58
091　什么是柄炉 | 59

092 宋元时期的香具有什么特点 | 59
093 什么是香枕 | 59
094 什么是熏衣香牌 | 60
095 什么是帷香 | 61
096 明清时期的香具有什么特点 | 61
097 什么是宣德炉 | 63
098 宣德炉为什么被称为炉中极品 | 64
099 什么是篆香炉 | 64
100 什么叫“炉瓶三事” | 65
101 什么是手炉 | 66
102 什么是祭祀“五供” | 66

古代咏香诗文

103 古代文人为什么喜欢饮茶时焚香 | 68
104 司马相如《美人赋》中咏香的词句是哪几句 | 68
105 谢惠连《雪赋》中咏香诗词的词句是哪几句 | 68
106 李煜著名的咏香诗词有哪些 | 68
107 苏轼著名的咏香诗词有哪些 | 68
108 黄庭坚著名的咏香诗词是哪一首 | 69
109 李清照著名的咏香诗词有哪些 | 69
110 文徵明著名的咏香诗词是哪一首 | 69
111 徐渭著名的咏香诗词是哪一首 | 70
112 袁枚著名的咏香诗词是哪一首 | 70

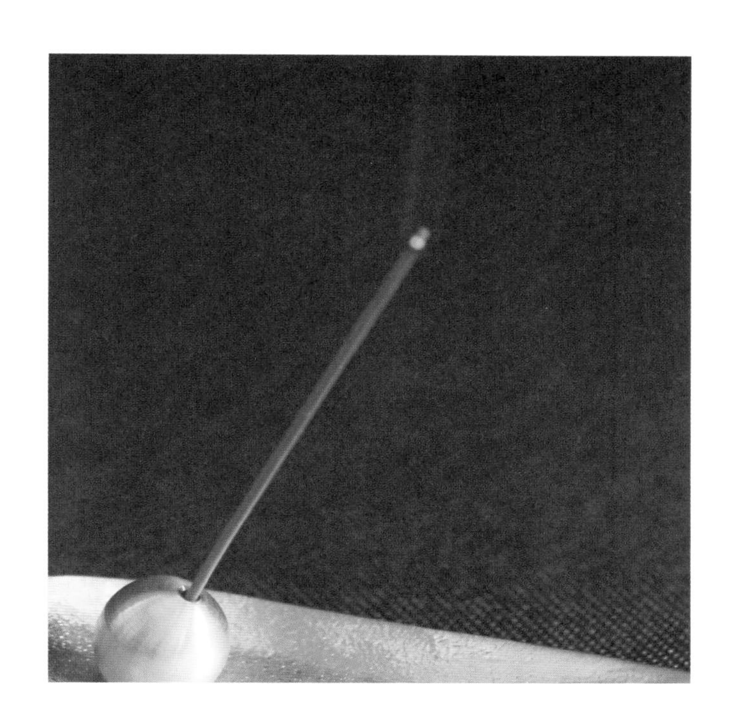

现代用香

香料

113　现代最常使用的香料有哪些 | 72

沉香

114　沉香是怎么形成的 | 73

115　沉香的生长环境是怎样的 | 74

116　沉香是如何结香形成的 | 74
117　沉香的香气从何而来 | 74
118　沉香有什么功效 | 75
119　沉香的用途有哪些 | 75
120　沉香的主要产地有哪些 | 76
121　不同产地的沉香各有什么特点 | 76
122　中国古代沉香的产地有哪些 | 76
123　什么是崖香 | 77
124　什么是莞香 | 77
125　如何鉴别沉香香材的等级 | 78
126　关系到沉香品质的重要因素是什么 | 78
127　《香乘》中是如何划分沉香类别的 | 79
128　什么是熟结 | 79
129　什么是生结 | 79
130　什么是脱落 | 79
131　什么是虫漏 | 79
132　什么是“土沉”沉香 | 80
133　“水沉”与“沉水”如何区分 | 80
134　奇楠为何被称为“沉香之王” | 80
135　奇楠与其他沉香的区别是什么 | 81
136　为什么说沉香中以海南沉香最为上乘 | 82
137　如何选购沉香及辨别沉香的价值 | 83
138　沉香的“格”指的是什么 | 84
139　什么是水格 | 84
140　什么是黑油格 | 85

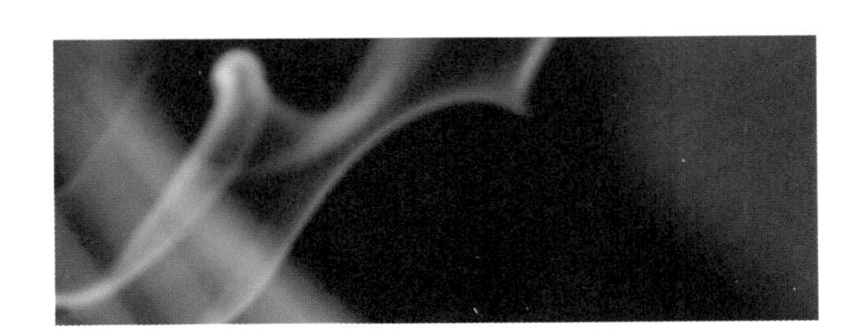

141　什么是黄油格 | 85
142　怎样区分黄油格与水格 | 85
143　怎样区分黑油格与黄油格 | 85
144　如何辨别沉香线香的品质优劣 | 86
145　为什么沉香的香味会千差万别 | 87

檀香

146　什么是檀香 | 89
147　檀香有哪几种 | 89
148　檀香的功效、用途有哪些 | 90
149　檀香的产地有哪些 | 90
150　不同产地的檀香有哪些区别 | 90
151　如何辨别檀香香品的质量好坏 | 91

龙涎香

152 什么是龙涎香 | 91

153 龙涎香是哪个国家最早发现和使用的 | 92

154 龙涎香是怎么形成的 | 92

155 龙涎香一般如何使用 | 93

麝香

156 麝香是怎么形成的 | 93

157 麝香一般如何使用 | 93

158 麝香有哪些功效 | 94

其他香料

159　什么是龙脑香 | 95

160　龙脑香有哪些用途 | 95

161　龙脑香的品质如何判断 | 96

162　龙脑香在佛事活动中一般如何使用 | 96

163　什么是苏合香 | 96

164　苏合香有哪些功效 | 96

165　安息香产自何地 | 97

166　安息香是什么样子的 | 97

167　安息香有何功效 | 98

168　什么是降真香 | 98

169　降真香有何功效 | 98

170　降真香一般怎样使用 | 98

171　什么是乳香 | 99

172　乳香有什么功效 | 99

173　乳香有什么用途 | 100

174　什么是丁香 | 100

175　丁香产于何处 | 101

176　丁香有哪些功效和用途 | 101

177　郁金香有哪些功效 | 102

178　什么是茅香 | 102

179　什么是枫香 | 102

180　什么是木香 | 102

181　什么是藏香 | 102

香具

182　现在常用的香炉有什么材质 | 104

183　香炉有哪些式样 | 105

184　什么是卧炉 | 106

185　什么是香筒 | 106

186　什么是香拓 | 107

187　什么是香插 | 108

188　什么是香盒 | 110

189　什么是香瓶 | 111

190　什么是香盘 | 111

191　什么是香几 | 111

192　什么是香囊 | 112

193　如何根据需要选择不同香具 | 112

香艺——香篆与隔火熏香

194 香艺中最主要的行香方式有几种 | 114
195 什么是香篆 | 114
196 香篆是怎么来的 | 114
197 打香篆的工具有哪些 | 116
198 如何打香篆 | 118
199 打香篆时有哪些注意事项 | 122
200 什么是隔火熏香 | 122
201 隔火熏香为什么能够吸引文人雅士 | 122
202 隔火熏香的操作步骤是什么 | 125
203 隔火熏香对香炉有什么要求 | 131
204 隔火熏香对香灰的要求有哪些 | 132
205 隔火熏香对隔片的要求有哪些 | 132
206 隔火熏香对香炭的要求有哪些 | 133

207 隔火熏香时应如何选择香材 | 133

208 日本香道何时出现 | 134

209 日本香道的流派有哪些 | 134

210 单品香与合香有什么区别 | 134

211 合香时应遵循的原则是什么 | 134

212 合香时君药的选择要求是什么 | 135

213 传统制香对黏合剂有什么要求 | 136

214 传统制香对水有什么特殊要求 | 136

215 香品依据原料的天然属性如何划分 | 136

216 什么是天然香料类香品 | 136

217 什么是合成香料类香品 | 137

218 合成香与天然香的区别是什么 | 137

219 天然香料如何分类 | 137

220 天然香料有哪些形态 | 137

221 手工制香的步骤是怎样的 | 138

222 如何制作香囊 | 138

223 如何制作线香 | 139

燃香与品茶

茶席与香席的用香讲究

224　香与茶是怎样的关系 | 141

225　茶席上用香有什么讲究 | 142

226　品茶时焚香的几种常用形式有哪些 | 142

227　品香时选用什么香品为宜 | 142

228　什么是香席 | 143

229　香席的基本礼仪有哪些 | 143

230　香席间的品香步骤有何讲究 | 144

231　焚香时有哪些要求 | 144

232　如何设置品香的环境 | 144

233　品香能产生怎样的感悟 | 145

234　品香时应注意什么 | 145

235　用沉香煮水有什么好处 | 145

236　用沉香煮过的水泡茶有什么好处 | 146

香品的选购

237　为什么要在信誉好的商家购置天然香料 | 146

238　初识香者应该如何选择香品 | 146

239　优质香品的鉴别要点是什么 | 147

240　优质的香品香气方面有什么特色 | 148

241 外观华美的香品就是优质香品吗 | 148
242 香的重量、体积与香的品质有关吗 | 149
243 香的价格高低与香的品质的关系是怎样的 | 149
244 如何储存香品 | 149
245 断香不太好用，有什么好办法继续使用吗 | 149
246 如何利用烧剩的香根 | 150
247 怎样选择家居类香品 | 151
248 如何处理潮湿的香灰 | 151
249 居家熏香的好处有哪些 | 151
250 线香有没有保质期、会过期吗 | 152
251 香道的“六国五味”是什么意思 | 152
252 如何保养沉香手串 | 152
253 沉香雕件常温下有香味吗 | 153
254 沉香手串在冬天香味会淡吗 | 153
255 沉香的香味会变淡和消失吗 | 154
256 中国人用香的观念是什么 | 154
257 西方人用香的习惯是怎样的 | 154
258 熏香养生时有哪些注意事项 | 154
259 居家熏香应注意什么 | 155
260 什么情况下不宜熏香 | 156

古人的香生活

香是古人生活的必需品，

从历代的帝王将相、文人墨客，

到平民百姓、僧侣，无不以香为伴，对香推崇有加。

古人有品茶、抚琴时焚香的习惯，

香与茶共同带给人雅致、飘逸的精神享受。

古人用香

博山炉

001 中国的香源于何时

中国的香起源于上古时代的燎祭，距今有6000多年的历史。燎祭在远古时期是一种极为重要的祭祀神灵的仪式，先人在祭祀中焚烧柴木等祭品，告祭天地，希望能够借助升腾的烟气来取悦天神，祈求风调雨顺。燎祭遗存很多，如被誉为“中国第一古城址”的湖南澧县城头山遗址的大型祭坛、上海青浦淞泽遗址的祭坛、辽西东山嘴和牛河梁红山文化晚期遗址的祭坛等。

002 中国香文化的发展阶段是怎样划分的

中国的香文化肇始于远古，发展于秦汉，成长于六朝，完备于隋唐，鼎盛于宋元，传承于明清。中国香文化与茶文化一样，发源久远而多彩灿烂。

003 燎祭焚烧的物品仅限于植物吗

远古时期燎祭的物品不仅仅是植物。燎祭所焚烧的物品大致分为两类：一类是像柴木、干草、粮食等易于燃烧的植物，另一类是需要借助柴木焚烧的陶器、石器和动物性物品。

004 古代的香的用途有哪些

古代的香不仅用于祭祀，如敬奉天地、日月神明、祖先等，也被用于日常生活。生活用香的历史也非常悠久，四五千年前就已经出现了作为生活用品的陶熏炉。香在古人生活中用途甚广，包括室内熏香、熏衣熏被、香身、驱虫避秽、养生疗疾等多种用途。香还与古人的日常生活息息相关，读书、参禅、吟诗、抚琴、品茗、宴客等都少不了香，香更是文人士大夫生活中的必有之物。除了焚香用香外，古人还广罗香药香方，亲自制香，并热衷于研究香。

005 春秋战国时期的祭祀用香有哪些

春秋战国时期，祭祀用香主要有燃香蒿、燔烧柴木、烧燎祭品以及供香酒、供谷物等。香蒿常被视为美好之物，燃香蒿是一种重要的祭礼。向神明奉献谷物是一种古老的祭法，“香”字本身就源于谷物之香。

006 先秦时期的生活用香有哪些用法

春秋战国时，香除了用于祭祀外，在生活中用香也很普遍。这些芳香植物用于香身、熏香、避秽、驱虫、医疗等许多领域，并用于熏烧、佩戴、熏浴、饮服等。佩戴香囊、插戴香草、沐浴香汤、以香物作赠礼等做法非常普遍，从士大夫到普通百姓，都有随身佩戴香物的习惯。

007 如何划分香品

香品根据形态特征可分为线香、盘香、香丸等；根据所用原料可分为沉香、檀香等；根据原料的品种数量可分为单品香、合香。同时一种香品也可归入从不同角度划分出的多个种类。如，采用天然香料经配伍而制作的线香，就形态特征而言，是“线香”；就所用多种香药配伍合成而言，是“合香”；就所用原料的属性而言，是“天然香”。

008 古代如何看待单品香与合香

单品香是香文化发展过程中早期的产物，是指以单一香料为原料，添加天然黏合剂制作的香品，通常称为单品香，如檀香、沉香等。但单品香的药性较单一，长期使用会造成人体气血不合。早在汉代，古人就已经意识到单品香的局限，于是产生了多种香料配伍的观念，开始转而使用多种香料配制的香品，即合香。如西汉时期南越王墓出土的“四穴铜熏炉”就可同时焚烧四种香药。汉代之后直到明清，合香一直是传统香品的主流。

009 先秦时期古人多用什么熏香

先秦时期的熏香风气已有相当规模，但海外的香药，如沉香、檀香、乳香等尚未大量传入，因此所用香药主要以各地所产的香草香木为原料。由于当时的气候比现在要温暖、湿润，因而香药品种也较为丰富，有佩兰、泽兰等菊科泽兰属植物，以及蕙、艾、木兰、辛夷、香茅等多种芳香植物。

010 古人为什么喜欢用香

人对香气的喜好，是一种与生俱来的天性，香气与人的身心有着密切的关系。先秦时期的人们就认识到，保健、养生要从“性”“命”两方面入手，才能达到养生养性的目的。熏香既芬芳养鼻，是一种享受，又能安和身心、调和情志，有养生养性的功效，使古人初步形成了“香气养性”的观念。

汉 代

011 汉代用香有什么特点

两汉时期，熏香流行于王公贵族的上层社会，用于室内熏香、熏衣熏被、宴饮娱乐等许多方面。熏炉等主要香具得到普遍使用，并出现了很多精美的高规格香具。另外汉代用香进入了宫廷礼制。《汉官仪》中记载，

汉代用香

奏事对答要“口含鸡舌香”，使口气芬芳。除了熏香、香口外，汉宫的香药还有很多用途，如著名的“椒房”，就是以花椒“和泥涂壁”，作为皇后居室。王族的丧葬也常用香药消毒、防腐，香也被用于祛秽、消毒、养生、养性等。

012 汉代香药的品种有哪些

汉代熏香风气盛行，所用香药的品种也更为丰富，如海南岛、广西、广东、云南、四川等地以及西域、南洋、中南半岛等地出产的多种香药，熏香的品种有沉香、青木香、苏合香、丁香（鸡舌香）、枫香、迷迭香、艾纳香等，到西汉时期出现了乳香和龙脑香。汉代除了熏烧单一品种的香药外，还常混合多种香药来调配香气，像沉香、苏合香、乳香、龙脑香等香气较为浓郁的香，都是合制熏香的重要香药，这也算是“最早的合香”吧。

013 什么是“多穴熏炉”

西汉时期，岭南地区出现了一种别致的“多穴熏炉”，可用来调配香气。如在南越王墓中曾出土四穴连体熏炉，它是由4个互不连通的小方炉合铸而成，可同时焚烧4种香药。这种多穴熏炉适合直接熏烧原态香药，有了合香后则不必再用。

014 较早的合香记载出现在什么时候

据初步考察，对合香的较早记载出现于东汉时期的《黄帝九鼎神丹经》：“结伴不过二三人耳，先斋七日，沐浴五香，置加精洁。”其中“五香”是指青木香、白芷、桃皮、柏叶、零陵香。

015 道家与香有怎样的渊源

早期祭祀天地、上古燎祭的祭礼都体现了传统文化顺天应人的思想，这与道家的观念一致，道教与香有着深厚的渊源。西汉的神仙方术曾使用熏香，东汉早期，道教开始采用熏香、浴香为祭礼，一些重要的道教经书已有香的记载。到南北朝时，道教所用的香品已较为丰富，有焚烧、佩戴、内服等多种用法，道家认为香可辅助修道，有通感、达言、开窍、避邪、治病等多种功用。南北朝之后，道教用香更为普遍，涉及道教的方方面面。

魏 晋

016 魏晋时期香文化是如何发展的

魏晋南北朝时期是香文化发展的一个重要阶段，熏香在上层社会更为普遍，并出现在许多文人的生活中。道教与佛教的兴盛，促进了香的使用和香药性能的研究及制香方法的提升。宫廷用香、文人用香与佛道用香构成了魏晋时期香文化的三条重要线索，三者相互交融又独立成章，共同推动了香文化的发展。

017 魏晋南北朝时期香药有什么特点

由于魏晋时期交通便利以及对外交流的增加，边疆和域外的香药大量进入内地。到南北朝时，香药品种已基本齐全（除龙涎香等少数稀有品种外），绝大多数都已收入本草典籍，人们对香药特性的了解更为深入，香药名称也已基本统一。香药在医疗方面有很多应用，葛洪、陶弘景等许多名医都曾用香药治病，有内服、佩戴、涂敷、熏烧、熏蒸等多种用法。

018 魏晋时期的熏香有什么特点

《南州异物志》中记载：“（甲香）可合众香烧之，皆使益芳，独烧则臭。”就是说甲香单烧气息不佳，却能配合其他香药，增加整体的香气。魏晋南北朝时，香药品种丰富，并已经普遍开始使用合香。

合香的选药、配方、炮制都很讲究方法，并且注重香药、香品的药性和养生功效，而不仅仅是气味的芳香。

019 魏晋时期合香有哪些用途

魏晋时期的合香种类非常丰富，不仅用于居室熏香、熏衣熏被，还被用于香身香口、美容养颜、驱邪避秽、疗疾等，并且在佛家、道家中也广泛使用。

020 魏晋时期怎样使用合香

魏晋时，合香主要有熏烧、佩戴、涂敷、熏蒸、内服等多种用法。

021 魏晋时期合香有哪些形态

魏晋时期的合香形态多样，有香丸、香饼、香炷、香膏、香汤、香露等形态。

022 范晔的《和香方》是一本什么样的书

范晔编撰的《和香方》，是目前所知最早的香学（香方）专著，由于原书已佚，其所载香方内容已无从查考，仅有自序留存。自序云：“麝本多忌，过分必害；沉实易和，盈斤无伤；零藿虚燥，詹唐黏湿。甘松、苏合、安息、郁金、奈多、和罗之属，并被珍于国外，无取于中土。又枣膏昏钝，甲煎浅俗，非唯无助于馨烈，乃当弥增于尤疾也。”

序文中介绍了部分香药的性味功效，列举了麝香、藿香、沉香等六种国产香药，又指出甘松、苏合香和安息香等是外来香药。总结了南朝以前有关香药的知识，也提出了香药的临床应用和常用剂量。强调用香药不宜过量，麝香应慎用，不可过量；沉香温和，多用无妨。《和香方》是一部很好的香学专著，对当时和后世本草书籍的编撰、临床用药都起到了指导作用。

023 魏晋时期有哪些善于用香的著名医学家

魏晋时期最善于用香的医学家是葛洪和陶弘景。二人都非常善于用香，有很多用香药治病的医方。

葛洪是魏晋时期最重要的医学家，也是道家著名的炼丹道士，他在温病学、免疫学、化学等领域都有世界性贡献。葛洪以青木香、附子、石灰制成粉末，涂敷以治疗狐臭；用苏合香、水银、白粉等做成蜜丸内服，治疗腹水；用鸡舌香、乳汁等煎汁以明目、治疗目疾等。葛洪还提出用香草青蒿治疗疟疾。

陶弘景也是著名的医学家，擅长书法，精于制香，曾任梁武帝宰相，后辞官隐修，梁武帝仍常登门问询，人称“山中宰相”。陶弘景以雄黄、松脂等制成药丸，用熏笼熏烧，以熏烟治疗“悲思恍惚”等症；用鸡舌香、藿香、青木香、胡粉调制成药粉，“内腋下”以治疗狐臭。

024 佛家为何推崇用香

佛教的兴起推动了古人用香风气的盛行，也使香品种类更为丰富，促进了香文化的发展。佛教一直十分推崇用香，把香看作修道助缘之物，借香讲述佛法。佛教的香用途广泛，被视为重要的供养之物，可以调和身心，在诵经、打坐等功课中做辅助修持，也有专门的香方用于治疗各种病症、驱邪辟秽、预防瘟疫等。佛教用香种类丰富，有单品香、合香以及各种合香配方。所用香药品种齐全，几乎涵盖了所有常用香药，如沉香、檀香、龙脑香等。

隋 唐

025 隋唐时期用香的特点是什么

隋唐时期国力强盛，国泰民安，社会日益富庶，香文化受到当时开明的政治、发达的经济、灿烂的文化氛围及健康的审美意识影响，进入了精细化、系统化的阶段。丝绸之路开通后成为域外香药入唐的主要通道，使得香品的种类更为丰富，用途更广泛，制作与使用也更为考究，呈现出“香气浓郁，华贵典雅，温润持久”的特点。在唐代的宫廷礼制中，用香成为一项重要内容，政务场所也要设熏炉熏香、设香案焚香。唐代进士科考时不仅焚香，还有茶饮，对举人考生礼遇有加。此外，文人阶层用香普遍，出现了很多咏香诗文。

026 唐代熏烧类的香品有哪些形态类型

唐代用香普遍，香品制作和使用更为精细化、系统化。熏烧类的香品多为香丸、香饼、香粉、香膏等类型，常借助于炭火熏烧，称为“不能独立燃烧的合香”。据初步考察，唐代中后期已使用无需借助炭火的“独立燃烧的合香”——印香和香炷（早期的线香）。

027 何为唐代“印香”

印香是用专门的模具将香粉压制成连笔的图案或篆字，点燃后按笔画线条顺序燃尽，也称篆香，可视为“盘香”的原型。

印香（也称篆香）

028 何为唐代“香炷”

唐代“香炷”，是一种比较粗短的直线形的香，可视为早期的线香。

多直立焚烧，也常水平卧于香灰上燃烧，也可使用带盖的熏炉。

029 何为唐代“香兽”

香兽以炭为主，香药比例较小，源于“兽炭”。以木炭粉及各种辅料合成动物形的炭块，称为“兽炭”，加入香药则为“香兽”。兽形熏炉常称“金兽”，鸭形熏炉称“香鸭”“金鸭”。香兽有时也指以香粉、香炭制成的可以点燃的动物形熏香。

030 何为唐代的“隔火熏香”

唐代开始流行一种精巧的熏香方法——隔火熏香：不直接点燃香品，而是用木炭或炭粉等多种材料合成的炭饼作为热源，在炭火与所熏香品之间“隔”上一层传热的薄片，如云母片、银片等，然后用炭火慢慢熏烤香品。这样既可免于被烟气熏染，也有助于香气释放得更加舒缓。

031 “苏合香丸”有何功效

据沈括《梦溪笔谈》记载，苏合香丸最早见于唐玄宗开元年间（713—741年）《广济方》中的“吃力迦丸”（白术丸），其功效为芳香开窍，行气解郁，散寒化浊。这种香丸制作考究，几乎使用了所有重要香药，如沉香、檀香、麝香、青木香、安息香、苏合香、龙脑香等。此香丸使用时需要研破内服，可用蜡纸包裹香丸，放入红色织袋，佩戴于胸前，以此避病邪。

032 什么是“古代的口香糖”

唐代有很多含在口中的香丸，用以香口，可以说是古代的口香糖。如五香圆，是以丁香、藿香、零陵香、青木香等11味药制成的蜜丸，常含一丸，可令“口香”“体香”，治疗口臭、身臭，“止烦散气”（《千金要方》）。

033 香药用于医疗养生有哪些方式

香药用于医疗养生，大致有两种方式：一种是以“香品”形式出现，既可添香，又可养生祛病。另一种是以“药品”形式出现，将香药当作药材来使用，主要取其“药”性，达到开窍的目的。就“香品”而言，有各种配方的香丸、香粉、香汤等，可熏衣、消毒、祛秽、护肤等。就“药品”而言，使用香药的医方也很多，如用于心腹鼓胀的五香丸（又名沉香丸，主要有沉香、青木香、丁香、麝香、乳香等）、用于风热毒肿的五香连翘汤、用于邪气郁结的五香散等。

034 香药在唐代医学中有哪些用法

香药在唐代医学中被广泛地应用，《千金要方》《千金翼方》等医书中都有丰富的记载，香药的用法有熏烧、内服、口含、佩戴、涂敷、熏蒸、洗浴等。

035 唐代医药学家孙思邈与香有什么渊源

孙思邈，唐代医药学家，从35岁开始长服灵芝，101岁无疾而终，被后人称为“药王”。孙思邈的《千金要方》和《千金翼方》影响最大，合称为《千金方》，其中不仅有大量医方使用了香药，还收录了品类繁多的香品，如熏衣香，可熏烧或直接放在衣物中；香身香口的丸散，可内服、佩戴或口含；面脂手膏，可涂敷或浸泡等。医方中有很多是宫廷秘方，对后世医学的发展影响深远。

036 隋唐时期宫廷用香有什么特点

隋唐时期国力强盛，香药种类繁多，王公贵族用香的数量和品级都远远超过前代，常有以香药涂刷建筑、搭建屋宇、涂布地面等奢豪之举。隋炀帝杨广常于除夕在殿前庭院中“设火山数十，尽沉香木根也，每一山焚沉香数车”，火焰高达数丈，香气远远地就能闻见，用香极为奢侈。唐玄宗曾在华清宫以香木搭建仙山。宰相杨国忠以沉香为阁，檀香为栏，以麝香、乳香和泥涂壁，建“四香阁”。

037 唐代有哪些著名的香学著作

丝绸之路开通后，唐代与大食、波斯往来密切，不但输入了大量香药，而且传播了不少香药的知识。传入的香药不仅被收入本草典籍，也被用于医疗养生。出现了《南海药谱》《海药本草》等著作。《海药本草》集中收录了产于西亚、南亚、东南亚等地或从海外引种于南方的药材，其中包括很多香药。该书撰者李珣，四川人，祖父为波斯人，家中世代经营香药。李珣既通医学，也是唐末五代时较有影响的词人。

038 唐代喜欢香的文人有哪些

唐宋时期香已完全融入了文人的生活。很多文人不仅用香、喜香、爱香，还留下了很多咏香诗作或涉香的诗句，如杜甫、白居易、李白、王维、李商隐、刘禹锡等人的咏香作品都相当多。

唐代隔火熏香场景

039 为什么说宋代是香文化发展的鼎盛时期

宋代经济发达，文化繁荣，香文化在宋代达到了鼎盛阶段。宋人用香场合很多，香遍及社会生活的方方面面，庆典宴会、婚庆、祝寿等各种场合都需要用香，包括熏衣、祭祀、入药等。宋代的香品以香韵“隽永而放逸，高耸而冷峻”为主流特色。宋政府大量进口香料，南宋时香药是市舶司最大宗的进口物品之一，当时从海外诸国进口了乳香、龙脑香和栈香（沉香的一种）。同时朝贡品中也有大量的香药，其中乳香等是政府专卖，民间不能交易。宋代香文化十分富有诗意，被称为中国香文化真正的高峰和代表。

040 宋代文人什么时候用香

焚香，是宋人热衷之事，与插花、挂画、点茶一起被称为“君子四雅”，也被戏称为宋人“四般闲事”。宋代文人常于案前、屋内焚香，不

宋代“听琴图”局部

宋代用香

宋代用香场景

仅有提神、熏香的实用功能，更因为此乃风雅趣事。宋代文人对香情有独钟，简直到了“贪香”的地步——生活中处处离不开香，写诗填词、抚琴赏花、会友宴客、甚至独居默坐都要在案头枕边点上一炷香。其中最“贪香”的要数黄庭坚了，他自称“香癖”，曾言：“天资喜文事，如我有香癖”。自称“香癖”的虽只有庭坚一人，但是爱香的宋代文人则难以计数。

041 宋代文人为何爱香

焚香既给人以嗅觉上的享受——香气弥漫又令人有视觉上的享受——香烟徐徐升起。宋人爱香，是因为香气容易带人进入放松、自由的精神世界。宋人也喜欢以香为题创作诗文，而且愈是文坛大家，写香的诗文愈多，愈喜欢香。这些富有诗意和韵味的诗文，也是中国香文化进入鼎盛时期的标志。除此之外，许多文人还研制香方，将自制香品、香药、香炉等作为赠送之物。

042 宋代喜欢香的文人有哪些

宋代是香文化发展的鼎盛时期，文人盛行用香，同时，宋代咏香诗文达到了历史高峰，不仅数量多，诗作的品质也非常高。宋代喜欢香的文人有很多都是文坛名家，如欧阳修、苏轼、黄庭坚、李清照、李煜、辛弃疾、陆游等。许多文人不仅焚香用香，还研制香方，采制香药，配药合香。文人雅士间也经常用这些自制的香品及香药、香炉等作为赠物。

043 苏轼喜欢什么香

文坛巨匠苏轼，被公认为宋代文学最高成就的代表。不仅如此，他还是一位品香、制香的高手，一生与香有着不解之缘。

苏轼晚年曾被贬到当时被称为“南荒”的海南。海南古时被称为香洲。海南沉香从宋朝开始，就成为朝廷的贡品，后又成为商品。苏轼于众香中独推崇沉香。

044 黄庭坚与苏轼唱和的有关香的诗句是什么

黄庭坚也常合制香品，苏轼对黄庭坚的香品十分赞赏。黄庭坚曾以他人所赠的江南帐中香为题作诗，写道：“百炼香螺沈水，宝薰近出江南。”苏轼则和之为：“四句烧香偈子，随香遍满东南。不是闻思所及，且令鼻观先参。”

卧香炉

045 宋代香品有哪些形态

宋代用香讲究，香品形态多样，除了香丸、香粉等，还流行印香。印香也称篆香，是用模具框范、压印使香粉回环如印章所用的篆字，将印香从一端点燃，可顺序燃尽，也可灭后再燃。印香有各种图案，如福字、寿字等，虽寓意不同，但都代表美好的祝福和祈愿，在文人中十分流行。宋元后诗文中常见“心字香”，多指形如篆字“心”的印香。

宋元时期，也多用线香，线香常用模具压成。这一时期线香的使用增长较快。线香可直接点燃，不必用炭饼熏烤，对香炉的要求较低。在考古中发掘出了大量宋元时期的形制较小、无盖或炉盖简易的香炉，这也与当时多用线香有关。

046 宋代香品有什么特点

宋代十分重视香的品质，合香制作水平很高，用香也很讲究心性和意境。当时的香方丰富，香品名称多经精心推敲，许多以人名命名，如小宗香、四和香、笑兰香、江南李主帐中香等。

047 宋代熏香的炭饼与香灰有什么讲究

宋代熏香用的炭饼与香灰很考究。炭饼，古代也称为香饼，是用木炭、煤炭、淀粉、糯米、柏叶等多种物料精心合制而成。香灰常用杉木枝、松针、纸灰、松花、蜀葵等烧制，再经过罗筛而成。炭饼要埋入香灰，印香要平展在香灰上燃烧，因此香灰必须能透气、养火。

048 宋代流行的印香是如何制作的

印香的大致制法是：先将香炉中的香灰压实，在香灰上放香印（制印香的模具称为香印），再将调配好的香粉铺入香印，压紧，刮去多余的香粉，最后将香印提起，印香就做好了，从一头点燃，即可顺序燃尽。

049 印香有什么用途

宋元时期流行的印香除熏香外也可用于计时。元代的郭守敬曾用印香制出“柜香漏”“屏风香漏”等计时工具。

印香用具

050 宋元时期的线香是如何制作的

宋元（至明初）的线香较粗，形状似“箸”，常称为“箸香”，明代时已普遍使用。据《本草纲目》记载，明代后期制作线香，常以唧筒（常用于汲水，负压“吸”水，类似现在的注射器）将香泥从小孔挤出，“成条如线”。元代已多用唧筒来做线香。

051 什么是香墨

香墨是以香合入墨中制成，如唐玄宗以芙蓉花汁调香粉作御墨，曰“龙香剂”。较为贵重的墨非加香不可，如加入麝香、龙脑、甘松、藿香、丁香等香料和中药的复合物。宋代的制墨工艺发展迅速，常以麝香、丁香、龙脑等入墨。张遇曾以油烟加龙脑、麝香制成御墨，名为“龙香剂”。以文房用品精致闻名的金章宗喜欢以苏合香油点烟制墨。

052 什么是香茶

宋代的香药也被用于饮品和食品，如沉香水、沉香酒、紫苏饮、香糖果子等，最有影响的是使用香药制作的“香茶”。宋人日常用茶，并不是直接冲泡茶叶，而是将做成茶饼的团茶敲碎、碾成细末，用沸水点冲，称为“点茶”。宋人常在茶饼中加入各种香药，如沉香、檀香、木香、麝香、龙脑等，也常加入莲心、松子、杏仁等，加香的团茶不仅芬芳香甜，还有理气养生的功效。

053 “龙凤团茶”里有香料吗

北苑贡茶“龙凤团茶”是一种香茶，茶饼中常加入少量的麝香和龙脑，因茶饼上印有龙凤图案，分“龙团”和“凤饼”，被称为“龙凤团茶”或“龙团凤饼”。丁谓造“大龙团”进贡皇室，其品质较龙凤团茶更为精良。蔡襄造“小龙团”，较“大龙团”又胜一筹。

054 宋代市井生活中香文化的蓬勃发展体现在哪里

宋代是香文化发展史上最为鼎盛的时期。宋代香事活动已广行于民间，可以看出香文化的普及与繁盛。宋代的市井生活中随处可见香的身影—街市上有专门卖香的“香铺”“香人；有专门制作印香的商家；酒楼里有随时向顾客供香的“香婆”；街头还有添加香药的各式食品，如香药脆梅、香药糖水（也称“浴佛水”）、香糖果子、香药木瓜等。此外，宫廷宴会、地方庆典以及民间过节都少不了焚香。富贵人家的车轿常要熏香，除了香包、香粉，还用香球（熏球），谓之“香车”。香囊、香粉、香珠、香膏等能香身美容，多为宋代女子所喜爱和使用。这些都是香文化蓬勃发展的重要体现。

055 宋代使用香药的医方有哪些

宋代医家对香药十分重视，在各种医方中普遍使用香药，并常直接以香药命名药方，如“苏合香丸”“安息香丸”“木香散”等。著名的“牛黄清心丸”就使用了龙脑、麝香、肉桂等香药。其中有些方剂还有很好的养生功效。

056 宋代的香学著作有哪些

宋代有很多香学著作，涉及香药性状、炮制、配方、香史、香文等内容，如丁谓《天香传》、沈立《（沈氏）香谱》、洪刍《（洪氏）香谱》、颜博文

元代“伯牙鼓琴”图局部

《（颜氏）香史》、叶廷珪《名香谱》、陈敬《陈氏香谱》等，后来的很多香方都源自于这些著作。

057 《西厢记》中香扮演了怎样的角色

在元杂剧的代表作《西厢记》中，香扮演着重要角色，许多情节与香有关，也有大量涉及香的唱词。如张生初见到佛殿烧香的崔莺莺、张生佯装香客等场景。“焚香拜月”的场景是剧中重要情节之一。崔莺莺月夜焚香拜月，张生隔壁相望，两人吟诗应和，表明彼此心事。女子拜月，通常是已嫁的求夫妻幸福，未嫁的求有如意郎君，莺莺拜月为戏剧增添了温馨浪漫的气氛。

058 “红袖添香”体现了古代文人怎样的精神追求

清代女诗人席佩兰有《寿简斋先生》诗：“绿衣捧砚催题卷，红袖添香伴读书。”

红袖添香，既是古代文学作品中描绘的一种非常唯美、典雅、隽永、温馨、浪漫的意境，也是古代文人雅士的一种生活追求。红袖添香的描述，是中国古代文人几千年来与心共依的情感诉求。这样的生活情调，即便是一种幻想，也可以使文人暂时冲破现实生活的桎梏，拥有一份天马行空的闲暇情致，放下沉重的书卷和生活中的无奈，尽情地放飞自我，放飞被禁锢的心灵。

059 为什么岭南地区盛行熏香

南方气候潮湿，蚊虫滋生，多瘴疠，而熏香可以祛秽、烘干、消毒，因此从战国时期开始，楚地便有于室内熏香消毒的习俗，以熏炉熏香的风气到两汉时期更为盛行。据有关学者考察，岭南汉墓出现的熏炉的比例高于其他地区，从出土熏炉的墓葬形制看，墓主并非全是高官显贵，有的仅是一般地主官僚，说明在岭南地区，熏香习俗的流行范围很广，熏香风气颇为盛行。

明清

060 明清时期用香的特点是什么

熏香在王公贵族阶层的盛行对香的普及和发展大有帮助，并一直延续到明清时期。明清时期制香用香的方法大抵与两宋相同，但是更为精细、丰富。但由于明初实行海禁政策，限制了海外香药的进口，造成了香药的相对匮乏，对一些习惯了常用香药配伍的和香者来说很是不便。这一时期的香品出现了取巧、怪异、求变的特点，甚至出现了大量使用和单独熏品沉香的特点。因此，明清时期的香品缺少了古朴典雅之风，增加了浮华之气。

061 明清时期比较流行的香的形态是什么样的

明清时期线香已广泛流行，线香的成型技术有较大提高。明后期已能制作较细的线香，出现了挤压法，与现在制作线香的原理基本相同，而品质优良的线香常被奉为佳物，用作礼品。现在所说的“签香”（以竹签、木签等作香芯）在明代中期也多有使用，常称为“棒香”。除此之外，明代还有一种形状特殊的香，类似现在的塔香，一端挂起，悬空燃烧，盘绕如物象或字形，称为“龙挂香”（可视为塔香的原型），龙挂香常被视为高档雅物。

062 明清时期售卖香材的“东粤四市”是哪里

明清时期，东莞寮步的香市与广州的花市、罗浮的药市、廉州的珠市并称为“东粤四市”。

063 明清时期的香学著作有哪些

明清时期最著名的香学著作是周嘉胄的《香乘》。《香乘》是集中国香文化之大成的经典之作，书中汇集了各种香材的辨析、产地、特性等香学知识，包含了大量与中国香文化有关的典故趣事。《香乘》中还整理了很多传世香方，具有一定的史料价值。本书是了解中国香文化的首选之作。

《普济方》《本草纲目》等医书对香药也有很多记载。《本草纲目》几乎收录了所有香药，也有许多香药和熏香的医方，可以用来祛秽、防疫、安神、改善睡眠及治疗各类疾病，用法包括烧烟、熏鼻、沐浴等。

064 明清时期文人用香有什么特点

用香风气在明清文人中十分盛行。日常读书、静坐休息、品茗、弹琴、作画都少不了要焚香，尤其是品茶时，一定要焚上一炉香。明代中后期的文人还把香视为名士生活的一种重要标志，以焚香为风雅、时尚之事，对于香药、香方、香具、熏香方法、品香等都颇为讲究。“明末四公子”之一的冒襄与董小宛都爱香，也曾搜罗香药香方，一起做香。宋元流行的隔火熏香只在部分明清文人中流行，大多数文人并不排斥香烟，还常赞赏其诗意，文人用香以直接燃香为主，并不“隔火”。

065 明清时期哪些文学作品提到了香

明清时期也出现了数量众多的咏香诗文，有很多名家佳作，如文徵明

《焚香》、徐渭《香烟》、席佩兰诗《寿简斋先生》等。明清的小说和戏曲中也随处都会写到香。《红楼梦》中多处涉及香，对香品、香具、用香的描写丰富而具体。

066 归结起来，古代的香有哪些样式

香从形态特征上可以分为线香、盘香、塔香、印香（篆香）、香粉、香丸等。

① 线香，是指用不同的配方制成的，粗细、长短有一定规制的直线状香品，是常用的香品形式之一，适用于多种场合。古代用手搓或用唧筒制香，现在多用专用机械制造。

② 盘香，在平面上回环盘绕，常呈螺旋形（许多盘香也可悬垂如塔，与塔香类似），适用于居家、修行、寺院等。

③ 塔香，使用时以支架托起或悬挂于空中或支架之上，下垂如塔。塔香源自明代的龙挂香。

④ 印香，用专门模具香拓（香印、印香模、篆香模）把香粉打成图案或字点燃，唐代时已流行。

飘逸

线香

⑤ 香粉，是指单用某一种香药，或按一定的配方将多种香药配制后，磨制成粉状，以供涂、洒、直接焚烧。可用于制作篆香等各种香品或作为制香的半成品原料。

⑥ 香丸，用香药配伍和合后研磨成香粉，再调成香泥制成丸状，是古代常用的香品形式之一，是传统的熏香香品。

⑦ 香膏，将香药配制好后，调成膏状，装入瓷罐密封放入地窖中。用时按量取出，与香丸同为常用的熏香香品。

⑧ 香饼，是指隔火熏香用的饼状香炭，或称炭饼。

⑨ 香珠，一种或多种香药制成的圆珠状香品（先研磨成粉粒状，再糅合成圆珠；或以香木雕成），可串成“香串”，道家、佛家多用作挂在身上的佩饰。

1 塔香　2 香粉　3 印香　4 香膏　5 盘香　6 香珠

067 什么是煮香

煮香，是古人的一种熏香形式，是将配置好的各色香药或香丸、香膏等放入可加温的瓷器、陶器中，再用炭火或蜡烛等在容器底部加温，使香气随蒸汽散发。煮香的香气会比焚香、隔火熏香更加温润持久。

068 什么是斗香

斗香，是唐宋时期文人雅士雅集，品香、玩香、切磋和香、品香技艺的一种雅会。斗香的内容一般是以香品的内容、香品气韵、香烟的聚散变幻、香品形制为主。还会有辨药、和香、香器、即兴赋诗填词、书画等诸多项目的切磋与探讨。

据记载，唐中宗时，宗楚客兄弟、记处讷、武三思及皇后韦氏诸亲眷、权臣等人，常办雅会，“各携名香，比试优劣，名曰斗香”。

古代香故事

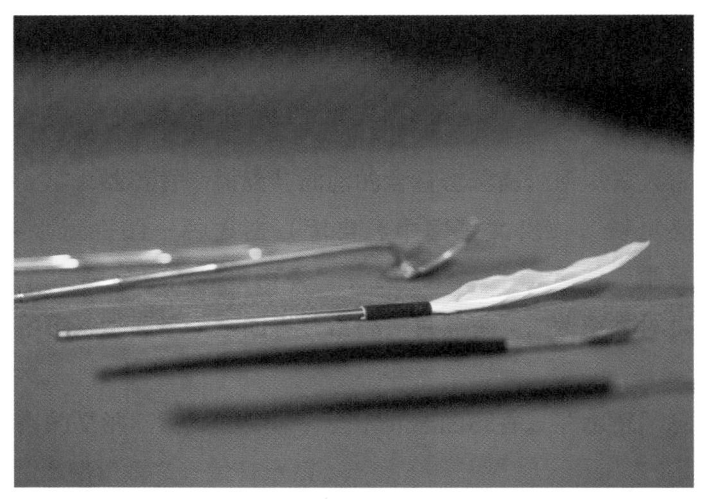

香具

069 椒房的故事是怎样的

椒房，也称椒室，是西汉未央宫皇后居所的雅称。《千秋传》曰：“椒房，殿名，皇后所居。以椒和泥涂壁，取其温而芳也千秋。”椒为川椒，多子而芳香，是升阳之香药。古人选取能够生发阳气的川椒等香药配伍后，磨成细粉和成膏状涂于墙壁和梁柱之上，既可保健养生、防虫防蛀，又有求多子多孙的寓意。椒房殿原是皇后的殿室，后世便常用“椒房”代指皇后或后妃。

070 汉武帝在香文化的发展中发挥了怎样的作用

汉武帝时期是我国香文化发展史上的一个极其重要的时期，是一个从低级到高级、从无序到有序发展的关键时期。在此过程中，汉武帝对香的发展发挥了主导性的作用。汉武帝喜好使用香料，官员上朝要随身佩香，向皇帝奏事要口含鸡舌香。汉武帝之前已有熏炉，但是熏炉中规格最高、最为精美的博山炉相传就是汉武帝遣人制作的。博山炉是汉代最典型的香炉具，下部为底盘，用于储水，以接纳气孔里落下的炙热灰烬，避免火灾发生，又象征四海环绕；上部炉身为锥状体，炉盖高而尖，雕镂成山形，熏香时上有青烟袅袅，下有水汽蒸腾，一派仙境气氛，宛如道家传说的海上仙山——博山，故而得名。

071 汉桓帝赐鸡舌香的故事是怎样的

丁香是名贵的香料，可以入药，也可以作为高档调味品用于烹制菜肴。因其果实由两片形若鸡舌的子叶合抱而成，宛若鸡舌，故古时名曰“鸡舌香”。丁香原产印尼马鲁古群岛，现在世界上产量最高的地方是非洲坦桑尼亚有“丁香岛”之称的桑给巴尔。

西汉时期，爪哇使臣来华觐见皇帝，口含丁香，吐气芬芳，国人感到很新奇。汉桓帝刘志当朝时，侍中乃存德高望重，得宠于皇帝，但他年老口臭，汉桓帝便赐他海外进贡的鸡舌香一颗，叫他含在口中。乃存感到口中有一股辛辣之味，以为有什么过失，皇帝赐毒药让他自尽。他惶惶不安回到家中，与家人诀别。后来家人见乃存含了许久也没有死掉，便让乃存吐出来看看。乃存吐出后，仍觉得齿舌生香，满口馥郁，才知道这是名贵的香料，家里人也都破涕为笑。

072 曹操铜雀分香是怎么回事

曹操曾命令家人烧枫香、蕙草避秽，他虽对熏香没有特殊兴趣，但也常身佩香草。这些来自边陲和域外的名贵香药，对达官显贵们来说也是稀有之物，常用作典雅、高档的赠物。曹操曾向诸葛亮寄赠鸡舌香并附书信："今奉鸡舌香五斤，以表微意"（《魏武帝集·与诸葛亮书》）。东汉末年，曹操造铜雀台，临终时吩咐诸妾，丧葬从简，不封不树，不藏珍宝，还特意嘱托将自己留下的香药分予妻妾，让她们空闲时可做鞋售卖，消遣时日。这就是"分香卖履"的典故，令后人感慨良多。

073 傅粉何郎的故事是怎么回事

三国曹魏时南阳人何晏，容貌俊美，喜欢修饰打扮，面容细腻洁白。魏明帝疑心他脸上擦了一层厚厚的白粉，就趁暑天赏赐他热汤面吃。不一会儿，他便大汗淋漓，频频用自己的衣服擦汗，结果不仅没擦下什么脂粉，脸色反而显得更白了，魏明帝这才相信他没有擦粉，而是"天姿"白美。于是后人就用"傅粉何郎"泛指美男子。

074 "偷香"一词是怎么来的

西晋权臣贾充会客时，其女贾午经常在一旁偷窥。客人中有一个名叫韩寿的幕僚，英俊潇洒。贾午心生爱慕，于是背着家人与韩寿互通音信，两人情投意合，贾充却毫不知晓。贾充家中有一种皇帝所赐的西域奇香，被贾午偷出来送给了韩寿。别人闻到韩寿身上奇异的香气，言谈间告诉了贾充。贾充起疑，又联想到种种可疑之处，便开始调查此事，终于发现了女儿的秘密。贾充很欣赏韩寿，同意两人成婚。这个故事流传甚广，欧阳修还有词记之："江南蝶，斜日一双双。身似何郎全傅粉，心如韩寿爱偷香。"后世称男女恋爱幽会为"偷香"，即源于此。

075 为何说石崇的厕所是高级厕所

为了熏染美好的气味，东晋的石崇曾做过一件载入史册的事情，他在当时是巨富，“财富丰积，室宇宏丽”，家里奢侈之极，就连厕所都常备甲煎粉、沉香水一类的高级香料专供客人使用，客人如厕后，数名服饰华丽的侍婢排列在旁，要给客人换上新衣才能出来，结果弄得许多客人不好意思上厕所。用沉香水做洗手液，也真算是历史上第一高级的厕所了。

076 梁武帝沉香祭天是怎么回事

“梁武帝制南郊名堂用沉香，取天之质，阳所宜也。北郊用上和香，以地于人亲，宜加杂馥。”（《隋书 · 礼仪志》）南北朝时，国家在重大祭祀活动时开始用香。梁国开国君主梁武帝萧衍首次使用沉香祭天，在此之前的文书典籍中从未有以沉香祭天的记载。

古代君主祭祀天地的仪式常选在都城的郊外举行，在都城南郊的明堂祭天，在都城的北郊祭地。祭天，用沉香，因为沉香是纯阳之物，祭天宜用至阳。祭地，把多种香料混合入土中，即合香祭地。因为大地生养万物，与人亲和，所以在合香中加入土壤。

077 隋炀帝的“沉香火山”是怎么回事

每年除夕之夜，隋炀帝杨广都下旨在皇宫大殿前的广场设几十座用沉香木的根堆起的小山焚烧，每一座火山焚烧的沉香多达几车。人们把甲煎香铺在上面，点起火来，火焰窜起几丈高，香气弥漫到几十里外，极其奢侈壮观。一个晚上消耗掉的沉香能够装满两百多架马车，消耗掉的甲煎香有两百多石，换算下来，一晚上光是甲煎香就烧掉了不止12吨。

隋炀帝

078 小周后“鹅梨帐中香”的故事是怎样的

南唐后主李煜的小周后，不但相貌生得美丽，并且知书达理，素擅音律，较已故的大周后更为出众。她好焚香，自出巧思制造焚香的器具。每天垂帘焚香，满殿氤氲芬芳，小周后坐于其中，如在云雾里面，望去如神仙一般。但在安寝时，帐中不能焚香，恐失火，所以用鹅梨蒸沉香，置于帐中，香气散发出来，其味沁人肺腑，令人心醉。沉香遇热气，其香方散发出来，用鹅梨蒸过，置于帐中，沾着人的汗气，所生之香，便变成一股甜香。小周后给这种香取了一个名，叫“帐中香”。

079 宋太祖赵匡胤为什么被称为“香孩儿”

据说宋太祖赵匡胤生于洛阳夹马营，他出生时满屋红光，异香扑鼻，过了一个晚上都没散去，而他身上呈金黄色，三天都没有改变。故宋太祖被称为香孩儿，其诞生地夹马营也被人称为香孩儿营。

080 阿罗汉与檀香的传说是怎样的

《百缘经》中曾有记载，佛陀在世时，有一位十分富有的长者，有不计其数的财宝。他有一个男孩，容貌端正，世间少有，身上的毛孔会散出檀香味，口中还能散发出优钵花的香，长者就为男孩取名“旃檀香”。旃檀香长大后跟随佛陀出家，证得阿罗汉果。

有比丘知道旃檀香的生平之后，就问佛陀，他有何种福德，以致今世不但能生于富贵之家，身上口中皆发香味，还能遇到世尊出家证果。

佛陀答曰：在过去九十一劫时，毘婆尸佛入涅槃后，有人收取毘婆尸佛的舍利，并造起四宝塔供养佛舍利。一日，有一长者进入佛塔，见到佛塔破损，就和泥涂平，又将旃檀香散在上面，并发了善愿然后离去。缘于此功德，从那时起至今九十一劫以来，他不坠入恶道，不论投生在天上或是人间，身口皆散发香气，受用福报快乐，因此今世能得遇佛陀，出家成道。

081 香手菩萨的故事是怎样的

《悲华经》卷五中记载着香手菩萨往昔发心的因缘。香手菩萨过去生在宝藏如来的世界时，曾为转轮圣王的第十个王子，名为软心。软心王子在大臣宝海梵志的劝化下，与父亲及其他诸位王子共同发心，在宝藏如来前发下菩提胜愿，宝藏如来一一授记。

当时软心王子在佛前祈愿，愿一切众生都能思惟诸佛境界，手中自然生出旃檀香、优陀婆罗香，且以手中自然散发的种种香气来供养诸佛。因此，宝藏如来就为王子取名为“香手”。香手菩萨（软心王子）听了宝藏如来的授记，又对如来说：“世尊，如果我的誓愿能够圆满成就，当我礼敬佛陀时，请降下薝蔔花雨吧。”说完，香手菩萨即五体投地叩拜，而园中果真下起了薝蔔花雨。

082 香港与香药有关系吗

香港地名的由来与香料有关。宋元时期，香港在行政上隶属广东东莞。从明朝开始，香港岛南部的一个小港湾成为转运南粤香料的集散港，因转运产在广东东莞的香料而出名，被人们称为“香港”。据说那时香港转运的香料，质量上乘，被誉为“海南珍奇”，香港当地许多人也以种香料为业，香港与其种植的香料一起，名声大噪。不久这种香料被列为进贡皇帝的贡品，并造就了当时鼎盛的制香、运香业。后来香料的种植和转运逐渐式微，但香港这个名称却保留了下来。

古代香具

083 先秦时期的香具是怎样的

战国时期熏炉及熏香风气在一定范围内开始流行。从考古发掘来看，先秦的熏香风气已有相当规模，战国时期已有制作精良的熏炉，有雕饰精美的铜炉，也有早期瓷炉以及名贵的玉琮熏炉。如陕西雍城遗址出土的凤鸟衔环铜熏炉、江苏淮阴高庄出土的铜盖早期瓷双囱熏炉、河南鹿邑出土的战国鸟擎博山炉、江苏涟水三里墩西汉墓出土的银鹰座玉琮熏炉等（玉琮是西周前的重要礼器，外方内圆中空，多用于祀地。东周后不再用于祭祀，改作他器。古代常将玉琮改造，加盖、加座、中孔加铜胆，制成高档香具“玉琮熏炉”）。此外，先秦熏香有可能也曾使用铜、陶器物（熏香未必要用熏炉）。

084 汉代的香具有哪些

汉代熏香使用的香具主要有熏炉、熏笼、熏球、香囊等。熏炉的数量和种类都远多于战国，材质以陶、铜为主，有博山炉、鼎式炉、豆式炉等样式。熏笼多用于衣物熏香。

085 博山炉是如何问世的

博山炉是一种造型特殊的熏炉，盛行于两汉与魏晋时期。相传，汉武帝嗜好熏香，也信奉道教。道家传说东方海上有仙山名曰“博山”，于是汉武帝就派人专门模拟传说中的博山的景象制作了一类造型特殊的香炉——博山炉。炉盖高耸如山，模拟仙山景象，其间雕有灵禽瑞兽、神仙人物，下设贮水的承盘，润气蒸香，象征东海。焚香时，香烟从镂空的山形中散出，宛如云雾盘绕海上仙山，呈现出极为生动的山海之象。

初期的博山炉多为铜炉，也有以鎏金或错金（错金是金银镶嵌的一种工艺）装饰的高档器物。后来也有铀陶、青铜和陶瓷博山炉。陶瓷博山炉造型简约，不会锈蚀，便于制作和使用。除了室内熏香，博山炉还被用于熏衣熏被等。佛教徒也很推崇博山炉，使用的多为有莲花、火焰、祥云等带有佛教风格、造型和纹饰的博山炉。魏晋时的佛教造像中，博山炉也被当作重要的供物。

汉武帝之后，用香风气长盛不衰，博山炉更为精美。汉成帝时，长安的著名工匠丁缓制造了极为精巧的九层博山炉。后来，这种炉盖高耸如山的博山炉逐渐演变成香炉的一个固定类型，后世历代都有仿制，并各有变化，留下了各式各样的博山炉。虽然在博山炉之前已经有了熏炉，但都不像博山炉那样特点鲜明，使用广泛，影响久远，所以人们也常将博山炉推为香炉的鼻祖，并常把“博山”“博山炉”用作香炉的代称。

博山炉

博山炉

香球

086 熏球是什么时候开始使用的

据《西京杂记》记载，西汉时已有熏球。熏球又称香球，其设计精巧，是一种结构巧妙的“可自由滚转的球形熏炉”，由两个半球形的镂空的金属片扣在一起，多以银、铜等金属制成，呈圆球状，球体镂空，并分成上下两半，两半球之间以卡榫连接。熏球内套数层小球，皆以承轴悬挂于外层，最内层中央悬挂一个杯形的容器，在容器内可以焚烧香品，无论熏球如何转动，小杯始终能保持水平，即使把熏球放到被子里也不会倾覆熄灭，故也称“被中香炉”。

熏球上有提链，可出行时挂在车轿中，或悬挂于厅堂，也可加设底座，便于平放。

087 汉代的熏笼、香灯有什么用途

汉代多用熏笼来熏衣物。熏笼类似在熏炉外面罩上一层竹笼，也有石质、玉质等材质，衣物可搭挂在竹笼上。熏笼形制有大有小，可熏手巾、衣物、被褥等。熏衣熏被既能为衣物添香，又能除菌、辟虫、暖衣暖被，因此熏笼在生活讲究的汉代上层社会十分流行。

把沉香、檀香等浸泡在灯油里，点灯时能散发出阵阵芳香的灯，称为香灯。香灯是汉代一种奇妙的赏香方式。

088 南北朝时的香具有什么特点

魏晋南北朝时期的香开始从上层社会走进了文人士大夫的生活。人们除了熏香、用香外，还制香、咏香。这一时期的香具造型较大，无炉盖，常带有承盘或基座（可盛水，便于熏衣），比较流行青瓷香具。青瓷的烧制要求相对较低，产量较大，价格较低，并且不易锈蚀，使用方便。如青瓷博山炉造型简约多样，色彩丰富。同时，佛教艺术对香具造型的影响很大，许多青瓷博山炉的云气采用了佛教风格的尖锥状、火焰状造型，装饰纹样为莲花纹和忍冬纹。长柄香炉在佛教中也多有使用。

089 唐代有哪些典型的香具

唐代香具造型趋于轻型化，更适于日常生活，出现了很多工艺精良的高档香具，并且由于唐历代帝室大都虔诚信佛，佛事中不仅用香，还专门制作供佛的香具。如陕西省扶风县法门寺的塔基下发掘出了大量珍贵文物，其中有多件极为精美的金银香具，如鎏金卧龟莲花纹五足朵带银熏炉（及银炉台）、鎏金象首金刚镂孔五足朵带铜香炉、银长柄香炉、鎏金银熏球、银香案、银香匙等。

090 唐代香具有什么特点

与汉代相比，唐代香具的造型出现了很大变化，博山炉炉盖的博山造型多变成了穹隆式圆顶，呈雍容华贵之态。炉盖多透雕各种花草纹饰图案，盖顶立瑞兽等装饰。大多数熏炉不再带有承盘，变成了三足或多足，炉足以象首、犀牛、狮子等为装饰。香具的材质以瓷质为主，更加华美。熏球被广泛使用，用于熏被或悬挂室内。

091 什么是柄炉

柄炉又称“长柄香炉”“香斗”，是带有较长握柄的小香炉，多用于供佛。柄头常雕饰莲花或瑞兽，一端供持握，另一端为形式多样的小香炉，多用于熏烧香丸、香饼、香粉等香品，可站立或出行时使用，可手持炉柄，香炉在前；也可一手持柄，一手托香炉。这类香炉多用于供佛，魏晋至唐代时较流行。

092 宋元时期的香具有什么特点

宋代香具更为简约、小巧、轻盈，并且出现了很多无盖炉或炉盖简易的香炉。香具种类丰富，除了仍广泛使用唐代流行的熏球、长柄香炉外，开始普遍使用“香盛”（即香盒），用以盛装香品。香具造型繁多，制作精美，有“香匙”“香箸”“香壶”等。也有专用的印香香具，如印香炉、印香模。香炉造型也极为丰富，如造型精巧的兽形熏炉，焚香时，香烟就会从兽口吐出。宋代瓷器烧制工艺发达，香具材质以瓷为主。除形制较大的日用炉以外，还有许多以观赏、把玩为用途的小型精品瓷炉。瓷炉虽不像铜炉那样适于精雕细琢，但宋代瓷炉朴实、典雅且工艺精良。瓷炉容易制作，价格较低，产量很大。

元代以藏传佛教为国教，许多熏炉带有藏传佛教的风格，有些还模拟“覆钵顶”佛塔的造型。许多香具带有较高的基座。比较流行的是“一炉两瓶”的套装香具。

093 什么是香枕

古代贵族生活非常讲究，用芳草植物做枕芯，装入布料缝制的枕状袋中，也可用竹木、瓷器做成枕头外形，这样做成的枕头充满芳香，即为香枕。如汉代时用蕙草做枕芯，蕙草是古代最重要的天然植物香料之一，有很强烈的香气。唐宋时，流行“菊枕”，是用晒干的甘菊花做枕芯，据说有清头目、驱邪秽的作用。古人使用这种香花芯枕，不仅为生活增添诗意，也是保健、养生的一种方式，提高了睡眠质量。香枕形制多样，还有抱枕、靠枕、小型手枕等。

094 什么是熏衣香牌

熏衣香牌是根据不同人的需求，用香药配制成的放在衣橱中的熏衣香品。制作这种香品需把香药配以黏合剂，调湿后用刻有装饰图案的模具压制而成。香牌一端有小孔，便于系上丝绦，挂于衣橱中。熏衣香牌除气味芬芳外，多数还有防虫的功效。

熏衣香牌

095 什么是帷香

帷香是指用于寝室或车、轿中悬挂与摆放，以及用于防护保健的香品。大部分是用布或锦缎缝制成具有装饰性的形状，且便于佩戴或悬挂，再将配制好的香药装入其中。还有的用草、丝织物编织，或用木材、金属、玉石等雕刻而成。帷香在古代又称为香囊、香包、香佩、帏佩等，同时它也是香枕、香褥等寝室所用的香药保健品的统称。

096 明清时期的香具有什么特点

明清时期的香具种类齐全，不仅有前代使用的熏球、长柄香炉、篆香炉等香具，也有新流行的香筒、卧炉、香插等。这一时期的香炉形制较小，无炉盖或有简易炉盖，比较流行铜炉。由于线香的普及，明清时期出现了香筒、卧炉、香插等新型香具。

香筒用于竖直熏烧线香，又称“香笼”，多为圆筒形，带有炉盖，炉壁镂空以通气散香，内设安插线香的插坐。卧炉用于熏烧水平放置的线香，炉身多为狭长形，有盖或无盖。香插是用于插放线香带有插孔的基座。基座高度、插孔大小、插孔数量有各种款式，以适用于不同规格的线香。香插流行较晚，多见于清代。明清时期还流行炉、瓶、盒搭配的套装香具，常有高起的基座（宋代时常以香盒、香炉搭配）。香盒用于盛放香品；香瓶（宋元时称“香壶”）用于插放香箸、香匙等工具。香几也被较多使用，用于放置香炉、香盒、香瓶等物，便于用香，也可摆放石、书等雅器。另外古代已有的手炉在明清也广泛流行，多用于取暖、熏香。明清时期也有很多珐琅香具，造型丰富，色彩绚烂，极为华美。

明清时期香具

明代德化窑瓷香炉

清代哥窑香炉

097 什么是宣德炉

明朝宣德年间，暹罗（今泰国）向明朝廷进贡了数万斤“风磨铜”（即黄铜）。此前，制炉多用青铜而很少用黄铜，宣宗便派人用这些有着黄金般光泽的“风磨铜”制作了一批精美绝伦的黄铜香炉——即宣德炉。

宣德炉

098 宣德炉为什么被称为炉中极品

宣德炉不仅首次使用了优质的黄铜，而且冶炼极为精纯。普通的铜经过四炼即可呈现出珠光宝色，而宣德炉所用的铜，最精者十二炼，最劣者也有六炼。此外，还熔铸使用了数百两赤金、数千两白银以及不计其数的名贵宝石。除了用料的精良，宣德炉的铸造方法也有很大的创新，不同于以前的翻砂法，宣德炉所采用的是更为细致的失蜡法，使宣德炉呈现出前所未有的光滑柔顺的质感。由于用料和制作工艺等多方面的因素，宣德炉具有极为特殊的古朴大雅的韵味，这是其能成为炉中极品的一个重要原因。

宣德炉在造型上十分考究，每一款式都要经宣宗本人审定。宣德炉大多仿自夏商周的名器以及宋元名窑的经典，炉器的耳、边、口、足等细微之处都精心制作。由于明清时期流行使用线香，大多数宣德炉没有炉盖。现在，人们常将与宣德炉相似的香炉称为“宣德炉”，或用宣德炉称呼铜香炉。

099 什么是篆香炉

篆香炉又叫印香炉，用于焚烧印香。古代最常用的一般是铜制炉，通常有多层，一层储放香屑或香粉，一层放香铲、香压等工具，一层燃香（下铺香灰），还有炉盖（炉盖是镂空的）。使用时，将镂空成篆字或其他吉祥图案的印香模具放在香灰上，将香料铺设其上，轻压香料，刮去多余，然后提去篆模后，便形成“香篆”。燃香时，香的烟气于此袅袅而出。燃烧后残留的香灰，也仍呈现为美丽的图案。现在我们最常用的是瓷质的简易香炉，以炉身宽大为上。

篆香炉

炉瓶三事

100 什么叫“炉瓶三事”

炉瓶三事，也称为“炉瓶盒三事”，是由香炉、香瓶、香盒三种器具组成的香具，缺一不可，故称“三事”。焚香时，中间放置香炉，香炉两边各置香瓶、香盒。香炉为焚香之器，由于所焚之香不是线香，而是香面或香条，故焚烧时必须要用铜筷与铜铲，香瓶用来盛放香筷香铲，香盒用来贮藏香面或香条。现在有些宗教仪式焚香时仍采用过去的方式，称为“拈香”，即用手拈香面，而不称“升香”，就是因为香非线香的缘故。香瓶、香盒为焚香必不可少的器物。

手炉

101 什么是手炉

手炉主要用于取暖，也可熏香，是可握在手中或随身提带（带有提梁）的小熏炉，多为圆形、方形、六角形、花瓣形等。表面镂空，雕琢成花格、吉祥图案、山水人物等各式纹样。材质多为黄铜或白铜。也有较大的暖脚的脚炉。明清时期比较盛行手炉。

102 什么是祭祀“五供”

祭祀敬香时常用的“五供”，是指一香炉、两烛台、两花瓶。

古代咏香诗文

中国文人大多爱香，香不仅是文人生活中不可缺少的一部分，也是文人的重要创作题材。文人与香有着不解之缘，中国文化与香之间也有着千丝万缕的关系。

焚香抚琴

103 古代文人为什么喜欢饮茶时焚香

古代文人雅士很喜欢在品茗时焚香，焚香可沁人心脾，悦人心灵，保有这种心境，茶香更可沁入人心。古人品茗时注重对焚香香品的选择，如饮浓茶时，会选择味道较浓的香品，反之饮淡茶时，会焚淡香品。春冬季节在大空间里会选择味道浓重的香品，而在夏秋两季小空间时，则品淡香品。

104 司马相如《美人赋》中咏香的词句是哪几句

《美人赋》中咏香的词句是：于是寝具既陈，服玩珍奇，金鉔薰香，黼帐低垂。“金鉔”是指熏球或其他可旋转的香具。

105 谢惠连《雪赋》中咏香诗词的词句是哪几句

《雪赋》中咏香的词句是：携佳人兮披重幄，援绮衾兮坐芳褥。燎熏炉兮炳明烛，酌桂酒兮扬清曲。

106 李煜著名的咏香诗词有哪些

《采桑子》：亭前春逐红英尽，舞态徘徊。细雨霏微，不放双眉时暂开。绿窗冷静芳音断，香印成灰。可奈情怀，欲睡朦胧入梦来。

《虞美人》：风回小院庭芜绿，柳眼春相续。凭阑半日独无言，依旧竹声新月似当年。笙歌未散尊罍在，池面冰初解。烛明香暗画堂深，满鬓清霜残雪思难任。

107 苏轼著名的咏香诗词有哪些

《沉香石》：壁立孤峰倚砚长，共疑沉水得顽苍。欲随楚客纫兰佩，谁信吴儿是木肠。山下曾逢化松石，玉中还有辟邪香。早知百和俱灰烬，未信人言弱胜强。

《印香——子由生日以檀香观音像及新合印香银篆盘为寿》：旃檀婆律海外芬，西山老脐柏所熏。香螺脱黡来相群，能结缥缈风中云。一灯如萤起微焚，何时度尽缪篆纹。缭绕无穷合复分，绵绵浮空散氤氲。东坡持是寿卯君，君少与我师皇坟。旁资老聃释迦文，共厄中年点蝇蚊。晚遇斯须何足云，君方论道承华勋。我亦旗鼓严中军，国恩未报敢不勤。但愿不为世所醺，尔来白发不可耘。问君何时返乡粉，收拾散亡理放纷。此心实与香俱焄，闻思大士应已闻。

诗中“旃檀”指檀香；“婆律”为龙脑香的音译；“老脐”指麝香；“香螺脱甲”指甲香，即一种香螺口上的甲盖；“缪篆”指印香。

108 黄庭坚著名的咏香诗词是哪一首

《有惠江南帐中香者戏答六言二首》：之一：百链香螺沈水，宝薰近出江南。一穟黄云绕几，深禅想对同参。之二：螺甲割昆仑耳，香材屑鹧鸪斑。欲雨鸣鸠日永，下帷睡鸭春闲。

109 李清照著名的咏香诗词有哪些

《浣溪沙》：莫许杯深琥珀浓，未成沈醉意先融，疏钟已应晚来风。瑞脑香消魂梦断，辟寒金小髻鬟松，醒时空对烛花红。

《菩萨蛮》：风柔日薄春犹早，夹衫乍著心情好。睡起觉微寒，梅花鬓上残。故乡何处是？忘了除非醉。沈水卧时烧，香消酒未消。

110 文徵明著名的咏香诗词是哪一首

《焚香》：银叶荧荧宿火明，碧烟不动水沉清。纸屏竹榻澄怀地，细雨轻寒燕寝情。妙境可能先鼻观，俗缘都尽洗心兵。日长自展南华读，转觉逍遥道味生。

111 徐渭著名的咏香诗词是哪一首

《香烟》：午坐焚香枉连岁，香烟妙赏始今朝。龙拿云雾终伤猛，蜃起楼台未即消。直上亭亭才伫立，斜飞冉冉忽逍遥。细思绝景只难比，除是钱塘八月潮。

112 袁枚著名的咏香诗词是哪一首

《寒夜》：寒夜读书忘却眠，锦衾香烬炉无烟。美人含怒夺灯去，问郎知是几更天。

现代用香

社会发展到今天，香重新回到我们的视野。

承袭了古人用香的传统，

我们行香、品香，

体会着香带来的精神愉悦，

试图在香烟氤氲中与古人神交。

香料

113 现代最常使用的香料有哪些

古时候将沉、檀、龙、麝归为四大主香。其中，沉香被视为众香之首。现在这些香料也极为珍贵，被现代人所推崇。

沉香，又名“沉水香”“水沉香”，古语写作“沈香”（沈，同沉）。沉香自古以来被视为众香之首，有安神、通窍的功效。

檀香，素有“香料之王”“绿色黄金”的美誉。它取自檀香科檀香树的心材（或其树脂），愈近树心与根部的材质愈好。檀香树生长缓慢，数十年方可成材。檀香有清新、爽神的功效。

龙涎香，在西方又称灰琥珀，是一种外貌阴灰或黑色的固态蜡状可燃物质，从抹香鲸消化系统中产生，有行气活血、散结止痛、治咳喘的功效。

麝香，是成熟的雄麝肚脐下方的香腺和香囊的分泌物，有特殊的香气，有苦味，可以制成香料，也可以入药，是中枢神经兴奋剂，外用能镇痛、消肿、活血通经、止痛、催产。

114 沉香是怎么形成的

沉香，又名“沉水香”“水沉香”，是指瑞香科的一类树木在自然环境中生长三十年以上，当它受外力伤害或自身病变时分泌的树脂与周围微生物影响下而产生的油木结合体。这类香树的木材本身并无特殊的香味，而且木质较为松软。据研究，瑞香科沉香属的几种树木，如马来沉香树、莞香树、印度沉香树等都可以形成沉香。

沉香摆件

115 沉香的生长环境是怎样的

沉香树一般生长在北纬43度以南，分布于印度尼西亚、马来西亚、越南、泰国、老挝、中国的海南等地。历史上，印度、缅甸等地也曾多产沉香，但由于大量采伐沉香树，现已很少出产沉香，只是沉香的加工中心。

116 沉香是如何结香形成的

未结香之前的沉香木称为“白木”，本身无香味，当沉香树受到外力，如闪电、大风、虫害侵袭或自身病变时就会留下伤口，这时树木就会自行分泌出异常稠厚的“体液”——树脂，缓缓堆积于伤口上。树身病变和腐烂的部位，也会有树脂的自然分泌和沉积。沉香树开始分泌树脂后，原本宽松的材质开始变硬，成长阶段吸引真菌寄生于芯材，进而产生共生变化，树芯颜色发生变化，硬度、密度也逐级增加，此时输送养分的组织受到阻断而让生长顿止，树干因无法支撑重量而倒伏，自然分解成各种不同形状。每一块木都不相同，却因树种、菌种等微生物及其他因素的影响而产生油木结合体，散发出沉沉美妙的异香，即为“沉香”。

与檀香不同，沉香非一种木材，而是树脂和木质的固态凝聚物。沉香的形成通常需数十年至数百年的光阴，待树脂累积和硬化到一定程度，再将此部分取下，去除木质部分,即是沉香。沉香树脂密度大，当树脂的含量超出25%时，任何形态的沉香，不论是片、块、粉末，均会沉于水，“沉香”之名，正出于这一特质。

117 沉香的香气从何而来

多数沉香在常温状态下几乎无香味，遇热、遇潮时香气明显。距离赤道越近香气越醇烈，越远则香气越温和清凉。沉香在熏烧时香气浓郁，清凉醇厚，能覆盖其他气味，而且留香时间长，是制造香精油和天然香水的高档香料。一些阿拉伯国家在重要典礼和聚会上，也常常直接熏烧沉香。

118 沉香有什么功效

沉香香气典雅，自古被当作一味重要药材，有降气除燥、暖肾养脾、舒缓神经、帮助睡眠、理气通窍、畅通气脉、养生治病等功效。

119 沉香的用途有哪些

在传统香里，沉香是最重要的一味香药，能调和各种香药的药性，使之融为一体。沉香在佛教中的地位也很高，是礼佛、浴佛的主要香药之一。用沉香制成的熏香也是参禅打坐的上等香品，沉香木雕刻的念珠、佛像等也是珍贵的佛教用具。沉香还被制作成各种养生饮品。宋代《和剂局方》载有“调中沉香汤”，用沉香、麝香、生龙脑、甘草等制成粉末，用时以沸水冲开，还可加姜片、食盐或酒，“服之大妙”，可治“饮食少味，肢体多倦”等症，又可养生、美容，“调中顺气，除邪养正”“常服饮食，增进腑脏，和平肌肤，光润颜色”。

质地坚硬、油脂饱满的沉香还是上等的雕刻材料。沉香雕品古朴浑厚，别具风韵，在古代就备受推崇。由于沉香对雕工的技艺要求很高，其硬度远大于木材，而且又凝聚了油质和木质两种材料，质地不匀，不易雕琢，所以好的沉香木雕极为珍贵。苏轼就曾将用海南沉香雕刻的假山送给苏辙，作他六十大寿的寿礼。

沉香挂件

120 沉香的主要产地有哪些

沉香的主要产地有印度尼西亚、马来西亚、越南、柬埔寨、泰国、老挝、中国的海南岛等。由于天然沉香的产量有限，现在多用人工栽培香树。常在成熟香树的树干上切开或钻出一些“伤口”，或是铺设一些真菌，一年或几年之后就会在伤口附近得到沉香，而且年头越长，香的质量越好。但即使是人工栽培，一般也要10年以上，香树才能结香。

121 不同产地的沉香各有什么特点

沉香树因品种、产地、气候、水质、土壤等的不同而产生不同的香味。每个产地的沉香品质有高有低，也有各自的特点。

一般将印度尼西亚、马来西亚、文莱、巴布亚新几内亚等地所产的沉香称为星洲系沉香。星洲系沉香味道浓郁，有些会带辛辣、土味或奶香味。韵味醇厚或醇和，带甜不带凉，生结平和，熟结张扬。密度大，多沉水，生结与熟结可做雕材。这些太平洋及印度洋岛国所产的沉香一般质地结实坚硬，也多为实心，容易制成珠子，或是雕刻成摆件。

越南、柬埔寨、老挝、海南等地所产的沉香称为惠安系沉香。惠安系沉香味道清淡、凉甜，带花香。香韵带凉，甜，通透，有果香或花香，感觉上味道是成丝状，通常虫漏和碎片居多，以熏香、制药料为主，雕材极罕见。

122 中国古代沉香的产地有哪些

沉香有许多别名：土沉香、白木香、牙香树、女儿香。出产沉香的树种喜温暖多湿的气候，我国出产沉香的树种是瑞香科的白木香树，主要分布于海南、广东、广西、台湾等地，但现已产量稀少。白木香树为国家二级保护植物。

123 什么是崖香

海南沉香，古时被称为“崖香”和“琼脂”，自古以来享有盛誉，从宋朝开始，就成为朝廷的贡品。海南古时被称为香州，据古籍记载，宋、明、清时的海南岛可谓香岛，以盛产沉香而出名，当时，源源不断的海南沉香通过各种途径运往内地。

124 什么是莞香

莞香沉香，又称“莞香”，这是中国唯一以地方命名的植物。东莞自古产沉香，所产之香称为莞香，以沉于水底为上品。莞香树，别名牙香树、女儿香。古代东莞县地域广大，今香港、深圳、宝安、中山及东莞市都属古代东莞县范围。据史书记载，木香（莞香又名白木香、土沉香）在唐朝已传入广东，宋朝普遍种植。早在400多年前的明代，广东就以香市、药市、花市和珠市形成著名的四大圩市，其中以买卖土沉香的香市最为兴旺。明代，广东每年的贡品都有莞香。

沉香摆件

古时香港属东莞管辖，那时的香港也曾大量种植土沉香。远在香港还未命名之前，岛上遍是开着黄绿色小花的土沉香树，人们将土沉香的树脂制成琥珀状、半透明的香块，将其从陆路运到尖沙头（即尖沙咀），用舢舨运往石排湾（即香港仔），再转运至内地及东南亚，甚至阿拉伯等地。因运香贩香而闻名，石排湾这个港口便被外国人称为“香港”，即“香的港口”，后来，“香港”更成为了整个海岛的名称。

125 如何鉴别沉香香材的等级

对多数沉香而言，颜色越深，质地越密实，品质越好。但这只是一般性的标准，由于沉香成因复杂，个体差异很大，对沉香品质的鉴别也较难，需从多方面考察，香气的品质、成香年数的长短、树脂与油脂的含量、活树还是枯树等很多因素都直接影响香的质量。鉴别沉香优劣通常根据沉香含油量的多少、香气的持久力和味道来判断。

126 关系到沉香品质的重要因素是什么

沉香油脂含量的多少关系到沉香品质的好坏。一般来说，沉香油脂含量越高，颜色越深。油脂的颜色有黑色、褐红、褐黄、深褐色等，但色泽并不能决定沉香的好坏。油脂味型有的淡雅，有的醇厚，有的浓香，但不管沉香的味道如何千变万化，总脱离不了最基本的“沉”味。不管味道如何变化，只要木味少、油脂多且气味醇和、天然的，就是好沉香。沉香油脂含量并不只表现在外表，更多的还体现在内在的油脂度，所以辨别沉香品质的好坏不能仅靠外观和物理指标，还需要熏燃之后靠鼻子和经验去评断。

天然野生的沉香几近绝迹，1995年华盛顿公约已将沉香纳入《濒临绝种野生动植物》的保护名单。随着时间的推移，天然野生沉香将日益珍贵。

127 《香乘》中是如何划分沉香类别的

《香乘》中，根据沉香结香的原因，将沉香归纳为四类：熟结、生结、脱落、虫漏。

128 什么是熟结

熟结指的是香树因为自身的病变而引起树脂分泌导致结香，也就是说没有通过外力使香树受伤而结香。

129 什么是生结

生结就是指通过人为手段使香树受伤，然后分泌树脂结出的香。目前海南沉香大多都是生结，比如板头、壳沉。还有一种是因动物、自然灾害导致香树受伤而结香，这种结香的原理和生结一样，所以也被认为是生结。总的来说，生结就是指因外力导致香树受伤而结的香。

130 什么是脱落

脱落是指香树死后，死树因腐烂而结出的香。很多人都认为这一类应该算是熟结，但这种表述却并不准确。脱落沉香通常都会被称为死沉香。

131 什么是虫漏

虫漏指的是香树被虫蚁蛀蚀，在伤口附近结出的香，目前人工结香就是利用这一点。虫漏也叫“虫眼”或“蚁沉”，虫蚁最喜欢在香甜松软的沉香木上噬木做穴，也最易造成香木受伤感染，因此虫蚁噬木做穴也是最常见的结香成因。白木香树因受到虫蛀，分泌出来的油脂要自然地保护受伤的部位，所受虫蛀的部位被沉香自然分泌的油脂所包裹住而结香。虫漏结的香味多浓烈且多富变化。

132 什么是土沉香

出产沉香的白木香树是我国独有树种，所产沉香常被称为“土沉香”（即沉入土中而成熟的沉香）。土沉香是真正最老的沉香，古代称为“黄熟香”，结香部分久埋土中，经年累月的氧化与结晶，使土沉香香气变化丰富。虽然土沉香的油脂含量低于进口沉香（今常把越南、印度尼西亚等地的其他沉香树种所产沉香称为“进口沉香”），但香气品质甚好，多有上等沉香。日本的第一名香“兰奢待”即是“黄熟香”。

133 “水沉”与“沉水”如何区分

一般说来，密度越大的沉香，树脂与油脂的含量也越高，所以古人常以能否沉水作为鉴别沉香的一种方法（引自《中国香文化》，傅京亮著）。入水能沉者，常称“水沉”“沉香”；次之，大半沉水者，常称“栈香”；再次，稍稍入水而浮于水面者，常称“黄熟香”。水沉香体积较小，黄熟香则较大。

“沉水”沉香指的是油脂密度达到25%沉水标准的沉香。“水沉”现在泛指海南霸王岭“水格沉香”，简称水沉。

134 奇楠为何被称为“沉香之王”

“奇楠”是梵文音译，意为寺庙，也翻译成“伽罗”，和《洛阳伽蓝记》里的“伽蓝”也应同义，想来是因这种顶级沉香为寺庙尊贵供养物而得名。“奇楠”是沉香中的上品，据说，沉香木若有空洞，会招引蚂蚁或野蜂筑巢其中，蚁酸、甘露或野蜂的石蜜、蜂巢被香树活体的香腺吸收，并结合了一种特殊真菌，逐步生成奇楠。奇楠分为白棋（生结）、绿棋（熟结）、黄棋、紫棋。

135 奇楠与其他沉香的区别是什么

①奇楠香不如其他沉香密实坚硬，上等沉香入水则沉，而奇楠却是半沉半浮。沉香大都质地坚硬，而奇楠香质软，有黏韧性，削下的碎片甚至能团成香珠。在显微镜下可发现，沉香中的油脂腺聚在一起，而奇楠香的油脂腺分明。奇楠香的油脂含量一般高于其他沉香，香气更为甘甜、浓郁。上好的奇楠分泌出的油脂用指甲可轻易刮起或刻痕，好的奇楠削薄片入口，可感觉芳香中有辛麻，嚼之若带黏牙则为上品，刮其屑能捻捏成丸亦属上品。

②多数沉香不熏烧时几乎没有香味，而奇楠不同，不用火熏也能散发出香甜的气息。在熏烧时，其他沉香的香味稳定，而奇楠的头香、本香和尾香却有较明显的变化，这也是品香时，品香师乐于探索和体验气味的奇妙变化的原因。种种原因使得奇楠香尤其珍贵。宋时，占城（今越南境内）奇楠香就已经是“一片万金”。

③与普通沉香相比，奇楠的质地相对更绵软，嚼之麻、凉、辛、黏；成香年份越长越珍贵，品香时呈现的变化越丰富、持久，有初香、本香、尾香之韵；最后，其功效较其他沉香更佳，理气、止痛、通窍、对心脏尤佳。

沉香香材

136 为什么说沉香中以海南沉香最为上乘

沉香种类繁多，产地也较多，但是产地不同，其价值也不一样。在众多沉香中，以海南沉香声誉最高。同样质量、同样部位结的香，海南香的价格也要比东南亚的沉香高。

海南沉香，古时被称为“崖香”和“琼脂”，自古以来享有盛誉，被公认为众香翘楚。海南香香气清雅纯正，鲜活灵动，甘甜透彻，于凉甜中浸润着花香。

古代的海南岛多有天然白木香树，瑞香科沉香属的白木香树是海南岛的原生珍稀树种，1998年被列入《濒危野生动植物种国际公约》（CITES），1999年被列入国家二级保护植物，2000年列入《世界自然保护联盟受威胁植物红色名录》。在海南很多人世代以采香为业，海南沉香有很高的声誉，也是海南的重要特产。陆游词：“临罢兰亭无一事，自修琴。铜炉袅袅海南沉，洗尘襟。”其中的“海南沉”即海南沉香。海南沉香最动人的地方，是它的“沉”，蕴含沉静内敛的品质；也在于它的“香”，香而不艳，浓而不俗。入水即沉，反映的是它精华积结的厚重。落花飞雨之下，香气清氛之中，令人沉静若水，是它物华天宝的魅力一瞬。

古人还曾专门比较过海南沉香与外来沉香，认为海南香优于外香。北宋丁谓曾言，就烟而论，舶来之香，“其烟蓊郁不举”，海南香则“高烟杳杳，若引东溟”；就香气而论，舶来之香“干而轻，瘠而燋”，海南香则“浓腴湒湒，如练凝漆，芳馨之气，持久益佳”。

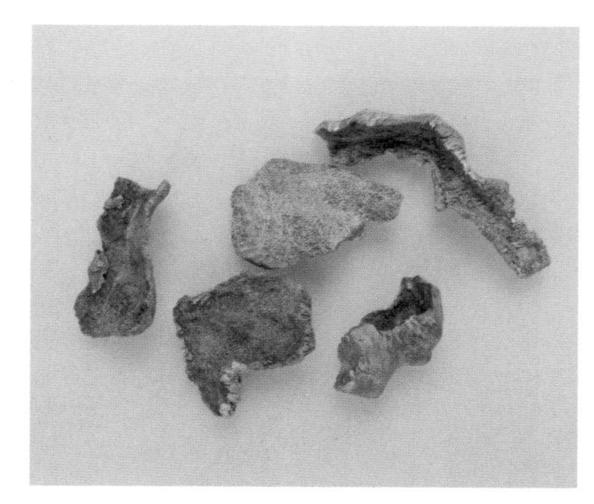

沉香香材

137 如何选购沉香及辨别沉香的价值

天然沉香非常珍贵，每克价格高达数千美元，在国际市场上，优质沉香每克的价格近万美元，极品则达到每克数万美元。其中以沉香油和奇楠最为昂贵，沉香油每千克国际报价在数百万美元以上，几乎全为中东富豪所购。由于炼制沉香油需耗费大量沉香，东南亚各国已明令禁止。

沉香成因复杂，成香时间漫长，非常稀少难得，自古为世人所推崇。那么如何选购和辨别沉香的价值呢？

① 看密度。一般来说，沉香密度越大，树脂与油脂的含量也越高。沉香油脂含量的多少是其本身价值的重要体现，而是否沉水是其价值的衡量指标。在市场上，一块沉水沉香的价格是其同品种、同产区不沉水沉香的2~4倍。所谓沉水，并不是指香体大部分能够沉入水中，而是指一块香体入水即可沉入水底，而且在试水前一定要注意是否是干料沉香，较干的沉香才有试水的意义。一块水分含量很高的沉香即便沉水，等其干透了以后也会变成浮水。

② 闻香味。沉香形成过程漫长，其品质受多种因素影响，由于生成环境各异，每一块沉香的香味都与众不同。好香清甜醇厚，气味纯而不杂，凝聚力强，扩散力好，让人从感官上得到非常愉悦的享受，回味不尽。但是并不是每一块沉香都会有很好的香味。比如有些沉香会有一些杂乱的气味影响本身香气；有些沉香由于年份不足，香味回味不足；还有一些熟香因为时间过久，又没有妥善保存，会散发出霉、腐的气味。所以沉香的香味对其价值的影响也是巨大的，这也是买家在购买时判断其价值的依据。

③ 看形状与大小。购买沉香时尽量选择直径较大、较为厚实的香体，这样的香材可塑性强，可雕刻，可制珠子。另外，相同品质的沉香，越大、越沉的价值越高，因为大块沉香的结香时间远远长于小块沉香。

④ 看产地。沉香专家认为根据产区的不同，沉香的价值也会有所不同。不同产区的沉香不仅香味不同，产量也大有不同。所谓物以稀为贵，产量越稀少的产区所产沉香的价值越高。

国内沉香由于产量少，且香味较佳，因此市场价值一般较高。抛开沉香本身油脂、香味、密度、形成等因素，就产区价值而言，国内沉香首推海南沉香，同一级别的是香港沉香、广东沉香。国外首推越南沉香，其次是印度尼西亚等一些产区所产沉香。越南产区中又以芽庄产区为最，而印度尼西亚产区中以达拉干、安汶等小产区的价值最大。相比较而言，其他产区的沉香价值稍低一些。

138 沉香的“格”指的是什么

众多沉香中，海南所产的沉香享有很高的声誉。海南黎语里，“格”是指木材的芯部，一般分水格、黄油格、黑油格。目前市场上水格沉香是价格最低的，黄油格的较高，黑油格的价格最高。现在市场上大多数沉香是黑油格和黄油格这两种，黑油格更多。

139 什么是水格

“水格”是一种专门以沉香的形状来划分的一个类别，是指枯死的白木香树经过雨水的侵蚀和浸泡，油脂经过沉淀而形成的沉香，一般颜色呈均匀的淡黄色、土黄色或黄褐色。“水格”的油线不分明，但气味比其他沉香要浓烈，木质也较坚硬，大多是沉水料。这种沉香颜色越鲜亮，品质越突出。水格香比较容易出大料，但是水格香的质地较轻，制作出来的直径15毫米的珠子通常一颗不会超过12克，且香味也不会很持久，熏烧的时候会有一些朽木的味道。

沉香雕件

140 什么是黑油格

黑油格沉香的基本色泽为黑褐色，略有浅黄色相间，斑纹呈不规则片状或团状，毛孔为点状，这一特点是目前作假者难以伪造的。黑油格大多是沉水料，其香味重而不浓，非常有凝聚性，与其深邃的外表相符，被称为沉香中的绅士。黑油格沉香，初闻起来香味温和纯正，较为明显，烧之香气更为芳甜浑厚，药用价值较高。目前市面上也有不少以黑油格为材料制成的佛珠、挂件和大小摆件，具有一定的实用和观赏价值。更重要的是它没有失去药用价值，随时能够用来泡水、泡酒服用或研磨入药。

141 什么是黄油格

黄油格沉香油脂颜色为淡黄色，即使油脂再多，整体的颜色也是淡黄色，不会像黑油格那样油脂越多颜色越黑。用黄油格制作出来的直径15毫米珠子通常一颗14克左右，每重1克，价钱都会翻倍增长。目前黄油格的沉香基本上都是同一类香树结出的，结水格香的香树上不会结出黄油格香。

142 怎样区分黄油格与水格

黄油格与水格沉香形态的区别并不非常明显，所以经常会被混淆。水格沉香放干后，气味会变得很淡，有的甚至没有香味。而黄油格沉香则不同，香味非常浓郁，很容易就能闻到。因此黄油格沉香大多用来制成手串、挂饰等。

143 怎样区分黑油格与黄油格

黄油格沉香比黑油格沉香更适合雕刻，而且黄油格沉香的香味较黑油格要更加明显。黑油格和黄油格在熏烧时，香味是不同的，黑油格大多都是浓郁的香型，而黄油格则是清新淡雅型的。黄油格沉香的外观形态各不相同，但大多是板头，品质好的黄油格价格也很高。

144 如何辨别沉香线香的品质优劣

沉香线香是现在大部分人都在使用的，那么如何辨别沉香线香的好坏呢？

① 看香灰。香灰可以判断沉香线香是否是纯天然的。将沉香线香刚燃完不久的一段香灰，弹落在手背上，如有强烈的疼痛感，说明沉香线香中含有化学助燃剂，线香燃烧的过程当中不能完全燃烧，把温度保留了下来。通常使用胶水黏合的线香较容易产生这种现象。如能感到有明显的温度残留，即余温，但无强烈的刺痛感，说明香中可能含有石灰石等增量材料。如落于手中没有任何感觉，像羽毛飘落的感觉，说明香中除天然配方外无任何添加剂。制作天然香，只用两样东西就可以，天然香粉和天然粘粉，按比例制作，正常情况下，这样制作的香燃烧充分并且无余温。

天然沉香线香完全燃烧后是灰白色的，冷结（铁结）燃烧后是红色。

② 看线香的燃烧速度。燃烧速度快一般是添加了很多杂质。

③ 看燃烧时出烟的颜色。燃烧时出烟的颜色一般是微黄或黄色，沉香燃烧时没有明火。

沉香珠

145 为什么沉香的香味会千差万别

沉香香气具有差异性，不是简单的几十种香味的混合，不同产区沉香的香气不一样；同一产区、同一棵树上的沉香香气不同；同一块沉香不同部位香气不一样；甚至同一沉香、同一部位，发香方法不同得到的香味也不一样。

① 不同产区、不同树种的沉香香味差异性很大。

沉香因树种不同，香味差异极大。中国莞香、海南沉香、越南沉香可以直接上炉烘焙，近距离品香，而印度沉香则不适合近距离烘焙品香，反而更适合提取沉香精油。莞香和海南沉香淡雅洁净，越南沉香灵动飘逸，印度沉香浓烈浑厚，并各自具有比较明显的香味区分点。这也是国际上以产区归类沉香的主要依据之一，可以让我们比较容易地区分各产区和各树种所生成的沉香。这种香气的差异就是所谓的“特征味”不同，俗称“大味”不同。

② 沉香的香气受沉香树种与菌种的影响而变化。不同树种所结沉香韵味不同：莞香的香甜、越南沉香的清甜、星洲沉香的芳醇，可谓各具特色。结香方式也会导致沉香之间味道的差别。生结沉香的味道比较张扬，生味明显，而熟结和脱落的沉香味道就要内敛得多，常温下不易闻到，只有熏燃时才会爆发出香味来，而虫漏沉香因结香时受到虫蚁啃噬，含有生物的分泌液，因此味道要偏甜一些。

③ 同一产区、同一树种的沉香香味也会有比较大差别。

④ 同产区、同树种、“特征味”相同或相似时，不同的沉香料在香味表现上也有很大的差异。如，“甲”“乙”两块沉香，同属越南产区，同为越南蜜香树种，但“甲”是惠安系高等级野生沉香，结香时间是百年左右，产区为越南顺化，含脂量丰富，非沉水，天然熟香，形态特征为蚁穴，其香气表现为甜中带苦、凉意十足、花果香浓郁、丰富饱满、层次分明、偶有微酸、略带辛麻等；而“乙”是惠安系低等级沉香，产区同样是越南顺化，树种同为越南蜜香树，含脂量较低，非沉水，为小型树干，五年左右结香，形态表现为小盘头，其香味表现是主味弱甜、微带凉意、腐味、木味偏重。这两块沉香料，因结香成因、时间、过程、熟化等诸多不

同，虽然出自同产区树种，但香味表现却差异极大。这在全球各产区都是普遍存在的，因此各产区按照自己的习惯，参照国际通行沉香分级规则及当年的市场行情，给出了以香味表现为标准的分级制度。

⑤结香部位不同，也会产生不同的品质。树芯油沉香具有浓密的油脂线，大多数是黑油，当油脂含量达到一定的比例后，放入水中会出现“沉水”的为上品。由于木质内部的树汁充足，能够为香体提供丰富的营养，这一位置就容易结出颜色较深、油脂丰富的树芯油沉香，味道较为清纯。边皮油沉香一般为薄片状，树体伤口一般都停留在树皮表面，到达不了树干内部，这时，沉香油脂就会沿着树皮表层游走，并一直附着在树皮的表层。边皮油沉香一般结油较薄，香体较薄，难以形成厚实的香体，一旦加热，油脂很快便会挥发出来，香韵也随之飘散而出。

大部分野生沉香在常温下是不发香或者微微发香的，大多数沉香有一些沉香木的味道或者杂味。即使常温发香的沉香，在常温下自然散发出的香味与这块沉香用明火直接燃烧时散发的香味也是完全不同的，如果采用隔火熏烧的方式对这块沉香进行加热发香，其所散发的又是一种不同的香味。

沉香线香

146 什么是檀香

檀香取自檀香科檀香属树种。檀香树是一种“娇贵”“高贵”的半寄生性植物，生长极其缓慢，通常要数十年才能成材，成熟的檀树可高达十米。种檀香树必须种植它的寄生植物，如豆科的凤凰树、红豆树等。檀香树需要靠根状吸盘附在寄主植物的树根上获取营养，如果没有了寄主植物，檀香树便无法成活，且寄主植物不能长得太高、太旺，否则檀香树便会枯死。檀香树木质细腻，甜而带异国情调，余香袅绕。

147 檀香有哪几种

《博物要览》中将檀香分为白檀、黄檀、紫檀等品类，认为“檀香皮质而色黄者为黄檀，皮洁而色白者为白檀，皮府而紫者为紫檀，并坚重清香，而白檀尤良。”

檀香（盘香）

148 檀香的功效、用途有哪些

檀香在东西方都很受欢迎，是制作熏香的重要香药。檀香历来被奉为珍品，能安神开窍，可与其他香料搭配使用，有提升香气的作用，所以传统香中很多合香都会用到檀香。檀香也是一味重要的中药材，历来为医家所重视，外敷可以消炎去肿，滋润肌肤；熏烧可杀菌消毒，驱瘟避疫。从檀香木中提取的檀香油在医药上也有广泛的用途，具有清凉、收敛、强心、滋补、润滑皮肤等多重功效，可用来治疗胆汁病、膀胱炎、淋病以及腹痛、发热、呕吐等病症，对龟裂、黑斑、蚊虫咬伤等症特别有效，古代就是治疗皮肤病的重要药品。檀香在佛教中很受推崇，用途很广，常称“旃檀”。檀香木是一种珍贵的雕刻材料，可制成佛像、念珠、扇骨、箱匣、家具等物品。

149 檀香的产地有哪些

檀香木属植物科中的檀香科。檀香主产于印度东部、泰国、印度尼西亚、马来西亚、东南亚、澳大利亚、斐济等湿热地区，其中又以产自印度的老山檀为上乘之品。我国台湾、海南、云南南部有栽培。

150 不同产地的檀香有哪些区别

印度檀香木的特点是其色白偏黄，油脂多，散发的香味恒久。而澳大利亚、印度尼西亚等地所产檀香质地、色泽、香度均稍逊色，称为“新山檀”。另有一种说法：刚刚砍伐的檀木常带些腥气，所以制香时往往需先搁置一段时间，待气息沉稳醇和之后再使用，名为“老山檀”，而砍伐之后随即使用的称为“新山檀”。

151 如何辨别檀香香品的质量好坏

檀香香品，如线香、盘香、塔香等，一般都是用檀香粉调制而成。判断这些香品的质量高低需要看其中檀香粉的纯度、含量。以线香来说，有很多工艺水平比较差的生产厂家，因为技术原因想要将线香做得很细而又不易折断，就只有通过添加石粉以及添加更大量的胶来解决这个问题，这样做会导致线香中的檀香粉含量降低，从而导致香品的质量以及纯度降低。

辨别时可以用手去捻一捻刚刚燃烧过的檀香香灰，看是否会烫手，假如烫手的话，就说明其中含有石粉。香品燃烧后，没有断裂的香灰长度越长，则说明其中的胶含量越高。其次看香灰颜色，纯度越高的檀香烧过的香灰越黑，如果发白，表明纯度低，一般檀香含量为20%左右。

龙涎香

152 什么是龙涎香

龙涎香，在西方又称灰琥珀，是一种外貌阴灰或黑色的固态蜡状可燃物质，产生于抹香鲸消化系统。其味甘、气腥、性涩，具有行气活血、散结止痛、利水通淋、理气化痰等功效，用于治疗咳喘气逆、心腹疼痛等症，是各类动物香药中最名贵的一种，极为难得。因数量稀少，功效独特，常被誉为“灰色的金子”。

龙涎香香膏

153 龙涎香是哪个国家最早发现和使用的

中国是世界上最早发现龙涎香的国家。汉代的一个渔民在海里捞到一些从几千克到几十千克不等、灰白色、清香四溢的蜡状漂流物，这就是经过多年自然变性的成品熟化龙涎香。没有熟化的龙涎香，有一股强烈的腥臭味，经日光久晒和海水的多年淘洗后，却能发出持久的香气，是高档香水必不可少的定香剂。年久熟化的龙涎香点燃时更是香味四溢，比麝香还香。

当时的一些官员将这些蜡块收购后当作宝物献给皇上，在宫廷里用作香料，或作为药物。当时，谁也不知道这是什么宝物，请教宫中的“化学家”炼丹术士，他们认为这是海里的龙在睡觉时流出的口水，滴到海水中凝固起来，经过天长日久，成了“龙涎香”。

154 龙涎香是怎么形成的

龙涎香是抹香鲸消化道内的分泌物。现代分析化学指出，龙涎香是由衍生的聚萜烯类物质构成的，这是一种类似于橡胶的物质，其中的多种成分具有沁人心脾的芳香。

龙涎香呈蜡状，生成于抹香鲸的肠道中。抹香鲸体型巨大，潜水可达千米以下，喜食头足纲动物，如巨型乌贼、章鱼等，在消化过程中这些动物体内坚硬、锐利的部分（角质喙等）难以完全消化，会划伤鲸鱼的肠道，鲸鱼肠道内就会出现一些特殊的分泌物，即龙涎香物质，它是医治鲸鱼肠道伤口的良药，可将那些尖锐之物包裹起来，之后常常与尖锐残存物一起从鲸口吐出，或在抹香鲸的尸体腐烂后散落到海中。刚刚排出的“龙涎香”为黑色的黏稠物，有浓重的腥臭气。经过阳光的暴晒、空气的催化、海水的浸泡（龙涎香比水轻，不会下沉）才会获得高昂的身价。其颜色由最初的黑色逐渐变为灰褐色、灰色，最后近于白色，身价最高的也是白色的龙涎香。一般来说，龙涎香在海上漂浮的时间越长，杂质越少，颜色越浅，品质越好，其形成也需要几十年甚至上百年的时间。

155 龙涎香一般如何使用

龙涎香挥发极其缓慢，留香时间甚长，是其他任何一种香料都无法相比的，西方有“龙涎之香与日月共存”的说法。绝大多数龙涎香无明确芳香，而是一种含蓄的、难以指明的气息，一般不单独使用，而是合入其他香药，使整体香气得到增益并使香气更为持久。

麝 香

156 麝香是怎么形成的

麝香，又称遗香、寸香、脐香、当门子，是成熟的雄麝肚脐下方的腺囊的分泌物，干燥后呈颗粒状或块状，有特殊的香气，有苦味，是一种高级香料，只要在室内放一丁点，就会使满屋清香，气味迥异。麝香不仅芳香宜人，而且香味持久。麝香在中国使用，有悠久历史。据《山海经》记载，麝香产于青藏高原一带，其中西藏麝香是举世公认最优质的。麝香不仅是高级的香料，在古代还被用于制墨，芳香清幽，可防蛀。

157 麝香一般如何使用

麝香不仅是高级的香料，也是最名贵的中药材之一。很多著名的中成药，如安宫牛黄丸、大活络丹、六神丸、苏合香丸、云南白药、香桂丸等都含有麝香的成分。

麝香气味浓郁且迥异于其他的香味。单用麝香，无论量大量小，气味都不怡人，但若微量使用，并与其他香料搭配起来，却可以使整体香气更加稳定，有强烈的开窍醒神作用，使香气具有一种特殊的灵动感。

158 麝香有哪些功效

麝香辛温，气极香，具有强烈的开窍醒神、活血散结、消肿止痛、催生下胎等功能，对中风昏迷、惊厥、癫痫、心绞痛、咽喉肿痛、难产等多种病症均有明显的疗效（麝香对子宫有明显的兴奋作用，孕妇忌用）。现代的药理学研究也证明，麝香对中枢神经系统、呼吸、脉搏、血压等有极为明显的影响，小剂量使用有兴奋作用，大剂量使用有抑制作用，以麝香为药一定要在医生指导下使用。

其他香料

159 什么是龙脑香

龙脑香又名冰片、片脑、瑞脑，佛家依梵音译为“羯布罗香”。龙脑香是龙脑香属树种的树脂凝结形成的一种近于白色的结晶体，古代称之“龙脑”以示其珍贵。龙脑树多生长于热带、部分亚热带地区，外形似杉树，树体粗大高耸，高达四五十米，除非洲外，以加里曼丹、马来半岛和菲律宾最多。现在主产于东南亚热带雨林地区，我国云南、海南等地也有出产。龙脑树的树脂含量丰富，天然龙脑晶体多形成于树干的裂缝中，体积小的为细碎的颗粒，大的多为薄片状，以片大整齐、香气浓郁、无杂质者为佳。天然龙脑质地纯净，熏燃时不仅香气浓郁，而且烟气甚小。

160 龙脑香有哪些用途

无论是在东方还是西方，龙脑香历来都被视为珍品。唐宋时期，出产龙脑的波斯、大食国的使臣还专门把龙脑作为“国礼”送给中国的皇帝。龙脑香早在西汉时就已传入中国。

龙脑香不仅用于熏香和医药，还被用于美食。中国的宫廷御宴里，就有燕窝配龙脑的“会燕”；在南亚地区，夹有龙脑的槟榔是当地贵族阶层的上等食品；宋代以前，人们就开始在茶饼（由茶和米压制而成）中掺和香料做成“香茶”，所用的香料大多都是龙脑香，或在压制茶饼之前以龙脑香窨茶，或以龙脑香浸水直接洒在茶上，也称为“龙脑茶”。

龙脑香在中医里名为冰片，归于芳香开窍类药材。中医学认为冰片为“芳香走窜”之品，内服有开窍醒神之效，适用于神昏、痉厥诸证；外用有清热止痛、防腐止痒之功，可治疗疮疡、肿痛、口疮等疾患。在安宫牛黄丸、冰硼散等成药中，冰片都是主要成分之一。

161 龙脑香的品质如何判断

龙脑香以片大整齐、香气浓郁、无杂质者为佳。梅花样的龙脑片为龙脑香中的上品，古人称之为“梅花脑”；品级差一些的，状如米粒的碎颗粒，称为“米脑”；再次为晶体颗粒与木屑混在一起的，称为“苍脑”；不成晶体而成油状的，则称为“油脑”。

162 龙脑香在佛事活动中一般如何使用

在佛事活动中，龙脑香既是礼佛的上等供品，也是“浴佛”的主要香料之一，还被列入密宗的“五香”（沉香、檀香、丁香、郁金香、龙脑香）。在盛产龙脑香的地区，龙脑树的树膏也被用作佛灯的灯油。

163 什么是苏合香

苏合香为金缕梅科植物苏合香树所分泌的树脂，现在主要产于埃及、印度及土耳其等地。其成品常为半透明状的浓稠膏油，呈黄白色，或更深的棕黄、深棕色，密度较大，入水即沉，质地黏稠，“挑”起则连绵不断，常称苏合油、苏合香油。也可用渗有树脂的树皮等做成固态的苏合香。

将苏合香树割伤并深及木质部，树脂便会慢慢渗入树皮。数月后剥下树皮并榨取树脂，残渣加水煮后再压榨，榨出的香脂即为普通苏合香。将榨出的苏合香溶解于酒精中，滤掉杂质，再蒸去酒精，则成精制苏合香。存放于铁筒中并注入清水，使苏合香没于水中（不溶于水），可防止香气散失。

164 苏合香有哪些功效

苏合香是重要的芳香开窍类药材，有开郁化痰、行气活血的功效。当今绝大多数治心绞痛的急救中药都含有苏合香成分。著名的中成药苏合香丸就是用苏合香、檀香、安息香、沉香等制成。据《梦溪笔谈》载，宋真宗还曾将苏合香酒赐臣下调补身体。从文献记载来看，苏合香也是最早传入中国的树脂类香药之一，东汉时已多有使用并深受推崇。

165 安息香产自何地

安息香树原产于中亚古安息国、龟兹国、阿拉伯半岛及伊朗高原，古代也称其为“辟邪树”。“安息”是波斯语和阿拉伯语的音译。安息香现在主产于老挝、泰国、越南、印度尼西亚等地，我国云南、海南、广东、广西等地也有出产。安息香有泰国安息香与苏门答腊安息香两种。中国进口商品主要为泰国安息香，分水安息、旱安息、白胶香等规格。

166 安息香是什么样子的

安息香取自安息香属树种的香树脂，成品略似乳香，多为球形颗粒压结成的团块，大小不等，外面红棕色至灰棕色，嵌有黄白色及灰白色不透明的杏仁样颗粒，表面粗糙不平坦。常温下质坚脆，加热即软化。气芳香、味微辛。

安息香

167 安息香有何功效

安息香也是一味常用药材，安息香与麝香、苏合香均有开窍作用，均可治疗猝然昏厥、牙关紧闭等闭脱之证，但其芳香开窍之力有强、弱之不同，麝香作用最强，兼有行气通络、消肿止痛之功；安息香、苏合香开窍之功相似，安息香有清神、行气、活血、祛痰等功效，可治疗中风、昏迷、心腹疼痛、腰痛等症。佛教对安息香尤为推崇。

168 什么是降真香

降真香，又名紫藤香、降香，取自豆科黄檀属植物根干部的芯材，如小花黄檀、印度黄檀。优质降真香产于我国海南，分布于广东、广西、云南、中南半岛。海南产的降真香一般要五十年以上才能结香。降真香的油脂主要集中在受伤的地方，一般在藤的丫叉部位、受伤感染部分、创伤口部位都易于结集油脂，而且油脂丰富，香气浓郁。

169 降真香有何功效

降真香是传统香中的一种重要香药，主要成分与白木沉香一致。海南降真香含有丰富的黄酮类化合物，有行气活血、健脾止咳之效。

降真香可止血、定痛、消肿、治疗折伤刀伤。药用降真香也常取材于黄檀属的另一个树种降香黄檀，芯材类似降真的香气和颜色。在古代是一种极为名贵的木材，宫廷家具所用的黄花梨就是这种降香黄檀。

170 降真香一般怎样使用

降真香自唐宋以来，在宗教、香文化中占重要地位，甚至是人们不可或缺的日常用品。从唐诗的记载来看，唐代的道观及达官贵人常用降真香，也常在斋醮仪式中用它来“降神”，故得降真之名，还常用降真香召引仙鹤。这些都说明降真香在道教祭祀仪式中起着重要作用。

171 什么是乳香

乳香取自橄榄科乳香属树种的油胶树脂。主要产于红海沿岸的索马里、埃塞俄比亚以及南阿拉伯半岛。乳香自古名贵，但乳香树却是其貌不扬的灌木或小乔木。采收乳香时，在树干上割出伤口，切口处便会渗出乳液状的白色树脂，几周后便凝固成半透明的颗粒，为乳头状、泪滴状或黏结成不规则的团块。

乳香质地坚脆，遇热则软，与水共研能成乳液，若在口中咀嚼，则碎成小块，软如粘胶。气微芳香，味微苦。乳香焚烧时香气典雅，并有灰黑色的香烟。乳香也是西方最重要的一种熏烧类香药，气息典雅而烟气明显，也很适于营造神圣的气氛，古埃及、古巴比伦、古罗马的神庙在各种宗教活动中常要熏烧大量乳香。在基督教和犹太教中，乳香有很高的地位。乳香与没（mò）药堪称西方历史最悠久、最重要的两种香药。

172 乳香有什么功效

乳香在古代被奉为珍品，广泛用于宗教、养生、医疗、美容等方面。除了用于制香，乳香也是常用的中药材，可行气活血、消肿生肌，用于治疗多种病症。

乳香

173 乳香有什么用途

阿拉伯人在公元前2000年就开始使用乳香。古代阿拉伯的医生常用乳香治疗心脏、肾脏等疾病，出诊前常用浓烈的乳香熏衣以防止被病人传染。在历史上，阿曼的佐法尔地区曾是中国乳香的重要供应地，也是“海上丝路”的重要港口。今天的阿曼依然盛行熏烧乳香，商场、酒店、咖啡馆，处处都能见到飘散的香烟，人们也使用乳香制作香水，并且男女皆用，男子的领口处还垂有专门醮洒香水的缨穗。阿曼用香风气之盛，宛如宋时的中国，而男子的缨穗更让人想起先秦“衿缨皆佩容臭”的风俗（少年男女的衣穗上常要挂个香包）。

174 什么是丁香

丁香取自桃金娘科蒲桃属植物丁子香树（过去也称丁香树）的花蕾。丁子香树并非中国北方多见的“丁香”，而是原产于南洋热带岛屿的一种香树，也称“洋丁香”，常高达 10 米以上，花蕾有黄、紫、粉红各色，未开的花蕾晒干后即呈红棕色。除了花蕾和果实，其干、枝、叶也可提炼丁香精油。我国多见的丁香树为木樨科丁香属植物，可生长在温带（甚至寒带）地区，其花也有浓香，但精油含量还是远低于热带地区的丁子香。

丁香

175 丁香产于何处

丁香原产于印度尼西亚，传入欧洲之后即被视为珍物。自 15 世纪开始，南洋群岛的丁香一直是葡、荷、英、法等欧洲列强争夺的重要物品。麦哲伦船队的环球航行结束时，还从南洋带回了数十千克丁香，令西班牙国王大为欢喜。18 世纪后，随着亚洲、非洲及加勒比海地区的广泛栽培，丁香产量大增，使用范围也逐步扩大。

丁香现在主产于坦桑尼亚（奔巴岛、桑给巴尔岛）、马达加斯加等地。

176 丁香有哪些功效和用途

古代常用丁香“香口”，将丁香含在口中以“芬芳口辞”，借公鸡善鸣之意，称之为“鸡舌香”（一说是由于状如鸡舌）。又因丁香圆头细身，状如钉子，故也称“丁子香”“丁香”。除了花蕾（鸡舌香），丁子香树的果实也有香气，并可入药。花蕾香气浓、个头小，称“公丁香”；果实香气淡、个头大，称“母丁香”。由于花蕾也曾被称为“雌丁香”，名称容易混淆，后来即统一将果实称为“母丁香”（或丁香母），将花蕾称为“丁香”（或公丁香、雄丁香）。

我国使用丁香的历史悠久，南洋的丁香在汉代就已传入，称“鸡舌香”。“香口”是丁香的一大特有功效，汉朝尚书郎向皇帝奏事时要口含鸡舌香，于是后世便以“含香”“含鸡舌”指代在朝为官或为人效力。古代女子也喜用丁香香口。

古代的“香口剂”（似口香糖）也常使用丁香。如孙思邈《千金要方》记载的“五香圆”，就是一种用丁香、藿香、零陵香等制成的蜜丸，“常含一丸，如大豆许，咽汁”，可治口臭身臭，令“口香体香”。

丁香也是一味重要药材，能杀菌、镇痛、暖脾胃、温中降逆、补肾助阳、除口臭。现在仍用于制造牙膏、漱口水、肥皂等物，以其杀菌功能治疗龋齿、溃疡、口臭等口腔病。饮酒前服用丁香，还可增加酒量，不易醉酒。

177 郁金香有哪些功效

郁金香又名郁香、红蓝花、紫述香、草麝香、茶矩摩、都梁香，是香药中很少见到的纯阴之药。郁金无香气，但性轻扬，能致远。所酿之香酒，称为鬯酒，多用于祭祀降神，或为贵族享用。古代也常用来和香，既能佐以香气远扬，升至极高之处，又能调和药中阴阳。

178 什么是茅香

茅香，又名香麻、香茅、香草。多生长于荫蔽山坡、沙地或湿润草地。我国茅香资源丰富，产区分布于山西、山东、甘肃、云南、广东、广西、浙江、福建等地。茅香是和香的常用香药，古人多和香附子等药，打粉作印香（篆香）用。

179 什么是枫香

枫香，又称枫香脂、白胶香、萨折罗婆香，其质类于乳香而略次，呈不规则块状，或呈类圆形颗粒状，大小不等，直径多在0.5~1厘米之间，少数可达3厘米。表面淡黄色至黄棕色，半透明或不透明。质脆易碎，破碎面具玻璃样光泽。气清香，燃烧时香气更浓，味淡。古人多用来和香。

180 什么是木香

木香，又名蜜香、青木香、五木香、矩琵伦香、南木香。本名蜜香，因其香气如蜜。古代多用来沐浴、和香，明代前很少入药。

181 什么是藏香

藏香，是藏族地区和藏传佛教传统香品的简称。藏香取当地的芳香类植物合制而成，高档的香品还要添加沉香、檀香、冰片以及穿山甲、龟甲等。高档的宗教用香还要添加金、银、珠宝等。藏香大约产生于唐代，文成公主进藏带去了佛像、佛经和香品香方，后来藏地人民根据当地的生活习俗、文化、气候、功用需求等特点不断对香方进行调整，以达到更适合藏地人的香气、功效等。

藏香

香具

香具是使用香品时所需要的一些器皿用具，也称为香器（严格说来，制香时使用的工具称为“香器”，用香时的工具称为“香具”）。除了最常见的香炉之外，还有手炉、香筒（即香笼）、卧炉、熏球（即香球）、香插、香盘、香盒、香夹、香箸、香铲、香匙、香囊等。造型丰富的香具，既方便人们使用不同类型的香品，同时也可作为美观的饰物。

182 现在常用的香炉有什么材质

香炉是最常见的香具，如博山炉、筒式炉、莲花炉、鼎式炉等。材质多为陶瓷或铜、铝等金属，也有石、木等材料。明清以来流行铜炉，铜炉不惧热，而且造型富于变化。其他材质的香炉，常在炉底放置石英等隔热砂，以免炉壁因过热而炸裂。

香炉

183 香炉有哪些式样

香炉种类繁多，一般可分为鼎式炉、敦式炉、豆式炉、筒式炉、方炉、扁炉、博山炉、动植物造型炉、莲花炉、卧炉、印香炉、多穴炉、手炉、熏球、香筒等样式。

各式香炉

卧香炉

香筒（香笼）

184 什么是卧炉

卧炉，用于熏烧水平放置的线香，也称横式香熏，类似于香筒，但横竖方向不同。炉身多为狭长形，有多种造型，有盖或无盖。

185 什么是香筒

香筒是竖直熏烧线香（或签香）的香具，又称“香笼”（以区别于插香用的小筒）。造型多为长而直的圆筒，上有平顶盖，下有扁平的承座，外壁镂空成各种花样，筒内设有小插管，以便于安插线香。其质材多为竹、木或玉石，也有高档的象牙制品。明清时多用线香，香筒也广为流行。

186 什么是香拓

香拓是专门用来固定燃点香粉的模具，有福字、寿字、兰花、祥云等图案，图案和寓意不同，但都代表美好的祝福和祈愿。现在使用的香拓多为铜等金属材质。

香拓

187 什么是香插

香插是带有插孔的基座，用于插放线香。基座的造型、高度、插孔大小、插孔数量有多种样式，可用于不同粗细、长度的线香。由于线香在明清时期比较流行，故香插也流行较晚，多见于清代。

香插

各式香插

188 什么是香盒

香盒用于放置香品，又称香盛。形状多为扁平的圆形或方形，多以陶瓷、象牙、木、铜、银、玉、漆器等制成，大小不等。香盒既是容器，也是香案、居室的饰物。明清时期，香盒与香炉、香瓶作为固定的组合，即所谓“炉瓶三事”，成为古人居家生活中必不可少的点缀。

香盒

香瓶

银香盘

189 什么是香瓶

香瓶，又称“香壶”“匙箸瓶”，用于放置香筷、香匙等工具，瓶口常有分隔的插孔，使匙、箸等互不相混。

190 什么是香盘

香盘，是焚香用的扁平承盘，多以木料或金属制成，也可用于焚烧印香。

191 什么是香几

香几，因置香炉而得名，多为圆形，较高。焚香本是中国古人祭祀仪式之一，到唐宋时期已演变成人们日常生活的一部分，焚香置炉的香几成为庭室的必备家具。香炉不仅做置香炉之用，也是文人追求优雅生活情趣、点缀雅室的艺术品。

192 什么是香囊

香囊，又称“香包”，可香身、辟秽。用于盛放香粉、干花等香品，可随身携带或挂佩，多为刺绣丝袋，也常把绣袋再放入石、玉、金、银等材质的镂空小盒，放在身上会散发香气。

193 如何根据需要选择不同香具

不同的香料，以不同的方式来散发香气，也会造成特别的效果。一般而言大致可以分为燃烧、熏炙及自然散发等三种方式，并有不同的香器来配合使用。如线香、盘香和香粉的合香，可以燃烧；龙脑之类的树脂性香品，可用熏炙的方式，即将香品放在炙热的炭块上熏烤；而调和成香油的香品，可用自然挥发的方式来散发香气。此外，各式各样香气浓郁的香草、香花，也可装入花熏、香囊之内，让其自然散发香气。混合数种香的香粉，也常用薄纸包裹，装入香囊。

随着香的使用越来越普遍，香器的样式也不断出奇翻新，从香器开始出现到现在，香器的演变，几乎已经形成了独特的艺术，让人们无论是在用香或是供香时，在嗅觉及视觉的心灵意境上，都达到了美好的升华。

香艺——香篆与隔火熏香

香艺就是艺术地表现香、艺术地感受香。即在中国传统香文化的基础上，运用艺术的形式与方法，在香材的获取、制作、炮制、配伍、使用，及对香品的焚熏、涂抹、喷洒所产生的香味、香气及烟形的感受中，表现中华民族的精神气质、民族传统、美学思想、价值观念、思维模式等精神与生活内容。

194 香艺中最主要的行香方式有几种

香艺中主要的行香方式有两种，即香篆和隔火熏香。

195 什么是香篆

为了便于香粉燃点，将香粉用模子压制成特定的图案或文字，然后点燃，循序燃尽，这种方式称为“香篆”。

196 香篆是怎么来的

香篆又称“印香”“百刻香”，它将一昼夜划分为一百个刻度，寺院常用其作为诵经计时的工具，在秦代多为篆体文字样，唐代时香篆已经很流行。由于取用的香是松散的粉状，故点燃之前需用模具压成图形，又因移动模具时容易碰坏图形，使用时并不方便，因此，宋代出现了专门的“供香印盘”服务。提供服务的人包下固定的“铺席人家”，每天去压印香篆，按月收取香钱。元代著名的天文学家郭守敬曾制出精巧的“屏风香漏”，通过燃烧时间的长短来对应相应的刻度以计时。香篆不仅可以计时，还被用作空气清新剂和夏秋季的驱蚊剂，在民间流传很广。

打香篆

香篆与香粉

197 打香篆的工具有哪些

打香篆需要以下工具：

① 香箸，又称“香筷”，用于夹取香品，多为铜制，银制更佳。

② 灰押，为押香灰所用，让香灰平如纸。

③ 香拂，清理炉口残留香灰所用。

④ 香匙，用于盛取香粉，多为铜制。

⑤ 香铲，用于填充香粉到香拓的印花，使之成型。

香道用具

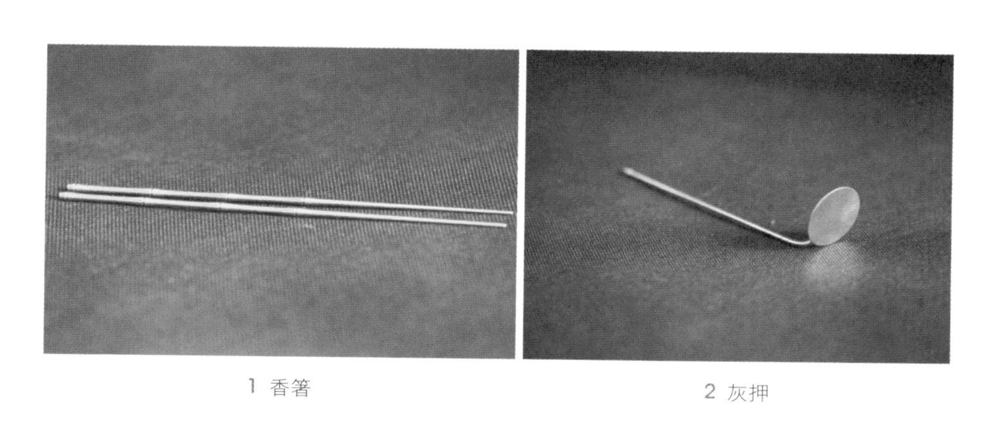

1 香箸　　2 灰押

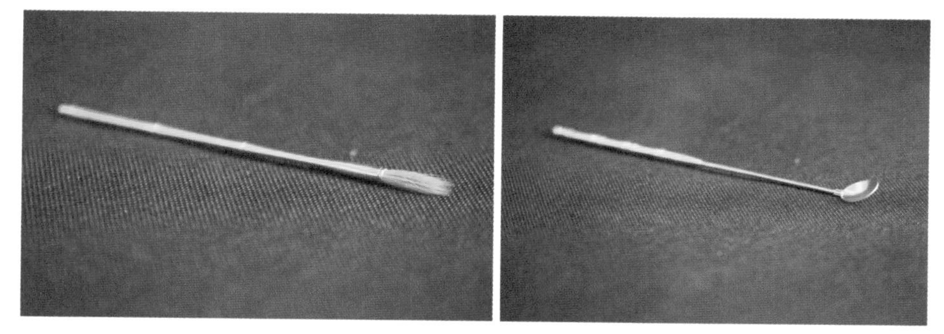

3 香拂　　4 香匙

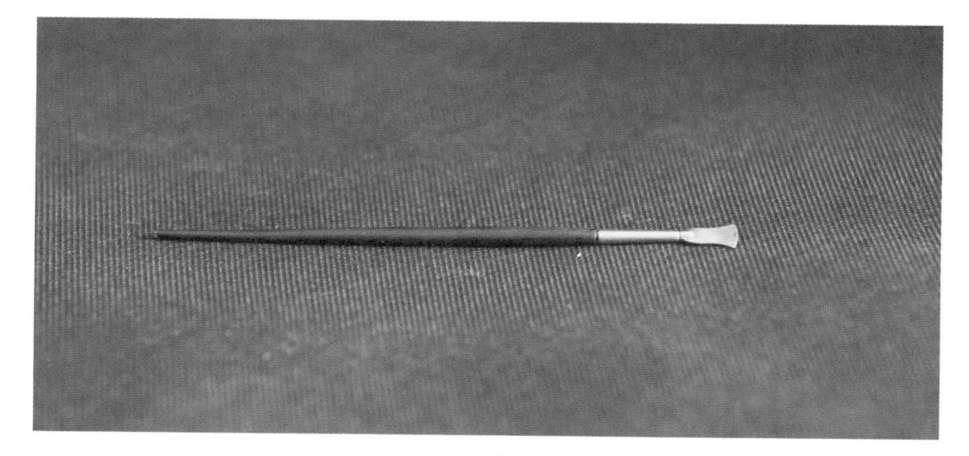

5 香铲

198 如何打香篆

香篆最初用于寺院里诵经计时，是唐宋时期的一种用香方法。打香篆的步骤为：

第一步梳理香灰。用香筷轻轻梳理香灰，使之通气、易燃。

第二步压平香灰。轻轻压平香灰，平心静气，放慢节奏，忘却尘世间烦恼。

第三步香拂扫灰。将香灰处理平整后，用香拂把香炉边缘上的香灰扫入香炉内。

第四步放入香拓。将香拓轻轻放入炉内的白色香灰上。

第五步填香入宫。用香勺盛取香粉，填入香拓。

第六步填埋香粉。用香铲填平香粉，注意不要移动香拓。

第七步起篆。左手扶香炉、右手轻轻提起香篆。

第八步展示香篆。欣赏美丽的香篆。

第九步燃香。

第十步赏香。赏香时，左手轻轻将香炉托起，右手轻轻揽香，享受这一缕清香带给我们的美妙感受。

展示香炉

1 梳理香灰

2 压平香灰

3 香拂扫灰

4 放入香拓

5 填香入宫

6 填埋香粉

7 起篆

8 展示香篆

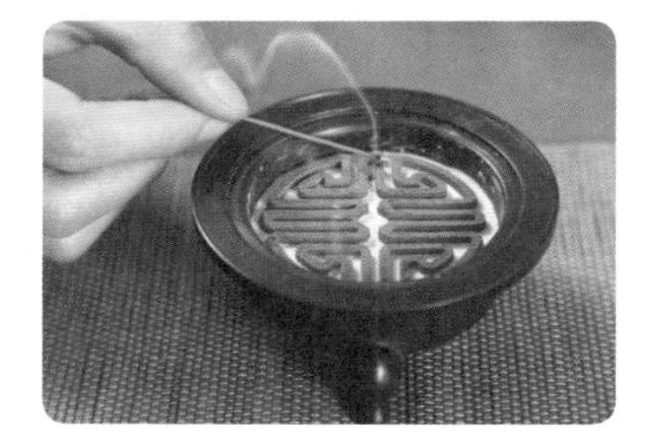

9 燃香

10 赏香

199 打香篆时有哪些注意事项

第一，打香篆时用的香粉要尽量放在密封的瓶或罐内。第二，香灰使用后，要尽量用密封袋密封，隔绝空气，以防受潮。使用香灰前，如发现潮湿，可点燃一块香炭，埋入灰中，烘干潮气。第三，打香篆的香炉或熏炉应以宽大一些为上。

200 什么是隔火熏香

隔火香又叫“煎香”，是一种很考究的用香方法。隔火熏香不直接点燃香品，而是以专门制作的香炭块为燃料，通过“隔片”炙烤香品，以使香品免于烟气熏染，使香气释放得更加舒缓绵长。隔火熏香在唐代已经出现，宋之后较为流行，日本香道所指的就是隔火熏香。

古人追求焚香的意境，尽量减少烟气，让香味低回而悠长。因此，香炉中的炭火要尽量燃得慢，火势低微而久久不平。为此，人们发明了比较复杂的焚香方式，大致的顺序是：把特制的小块香炭烧透，放在香炉中，然后用特制的细香灰把香炭填埋起来。再在香灰中探孔眼，以便香炭能够接触到氧气，不至于因缺氧而熄灭。在香灰上放上瓷、云母、钱币、银叶、砂片等薄而硬的“隔片”，将小小的香丸、香饼放在隔片上，借着灰下香炭的微火熏烤，让香气缓缓地挥发出来。

201 隔火熏香为什么能够吸引文人雅士

宋元时，品香与斗茶、插花、挂画并称为文人雅士的“四般闲事”。由于士大夫对物质与精神生活的追求，除琴棋书画以及美食、酒、茶以外，熏香也成了一门艺术，达官贵人和文人墨客经常相聚品香，并制定了最初的品香仪式。

当时出现了专门用于品香的闻香炉，这标志着焚香已经从生活的附属品和修行的辅助品，上升为一门艺术。与之相应的隔火熏香法也流行起来——不直接点燃香品，将特制的香炭烧红后埋入香灰之中，灰面上置银叶、云母片或小瓷片，再将香品放在上面，以热力使香味散发出来。虽然“熏”香不如“烧”香来得简单，也不似篆香那般香气四溢，但其香气更为醇和宜人，更加飘渺而有韵味，香韵悠长，而且能增添更多情趣，因而在崇尚雅生活的宋代，这种不直接点燃香品的用香方法盛极一时，并深得文人雅士的青睐。

隔火香香席

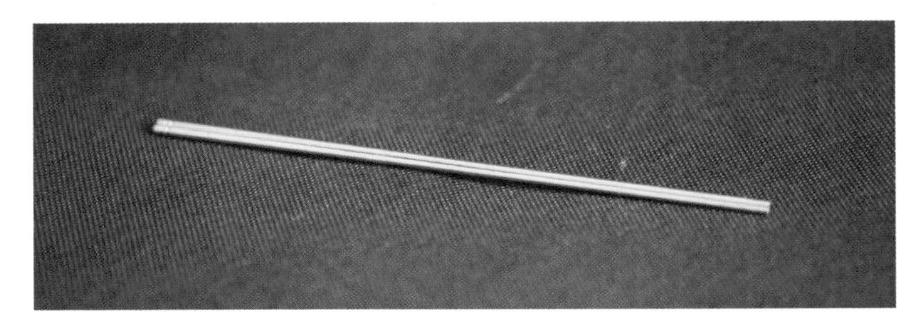

1 香箸

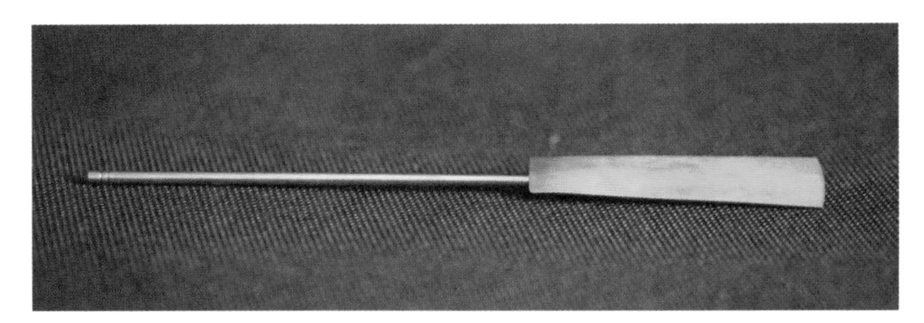

2 香拍

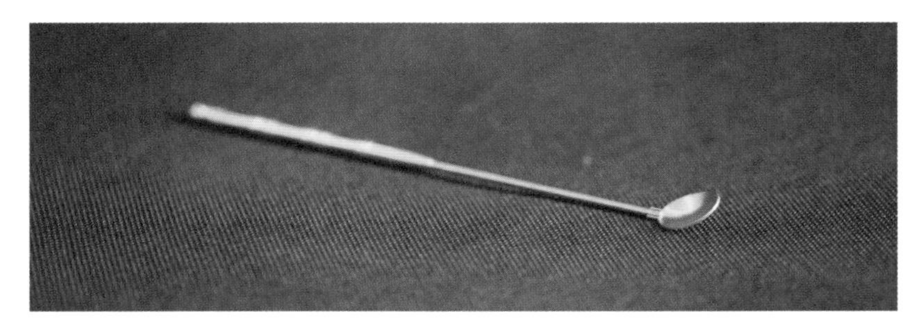

3 香匙

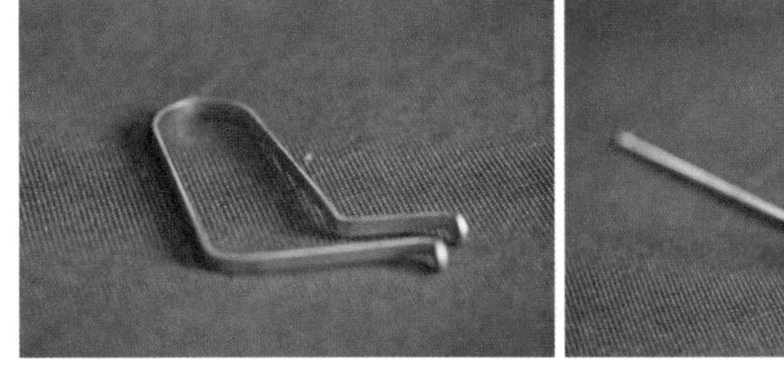

4 香镊

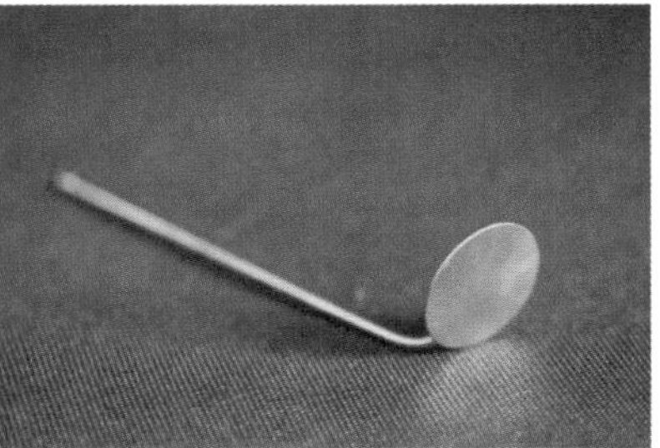

5 灰压

6 隔火香用具

202 隔火熏香的操作步骤是什么

宋代之后，隔火熏香广为流行，深得文人雅士的青睐，很多人一直乐此不疲。隔火熏香熏烧的香应选择天然香料制作的香品，可以是合香，也可以是原态香材，但体积不宜过大，可将香品分割为薄片、小块、粉末等形状。

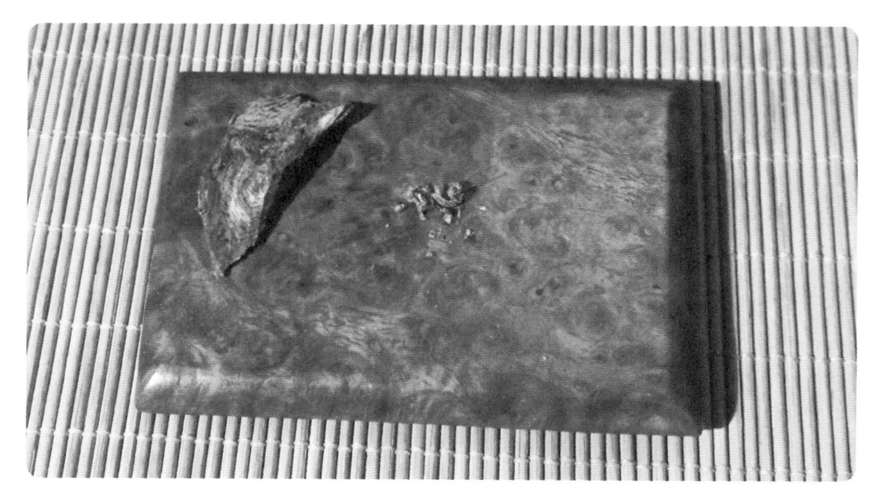

备香

隔火熏香的操作步骤：

第一步松灰。在香炉内放入充足的香灰，用香筷整理，使香灰均匀、疏松，再将表面轻轻抚平，然后用香匙于炉灰中心慢慢开出一个较深的空洞作为炭孔。

第二步烧炭。点燃香炭，待其烧透，没有明火并变至红色即可。如果

1 松灰

2 烧炭

方便，还可以准备一个金属的网状器具，把木炭放在网上会燃烧得更均匀；

第三步入炭。用香筷将烧透的香炭夹入炭孔中，再用香灰盖上。

第四步理灰。香灰表面可以是平整的，也可以用香铲将香灰隆起成30度左右的山形，但不要压得过紧，否则空气不够香炭的燃烧。

3 入炭

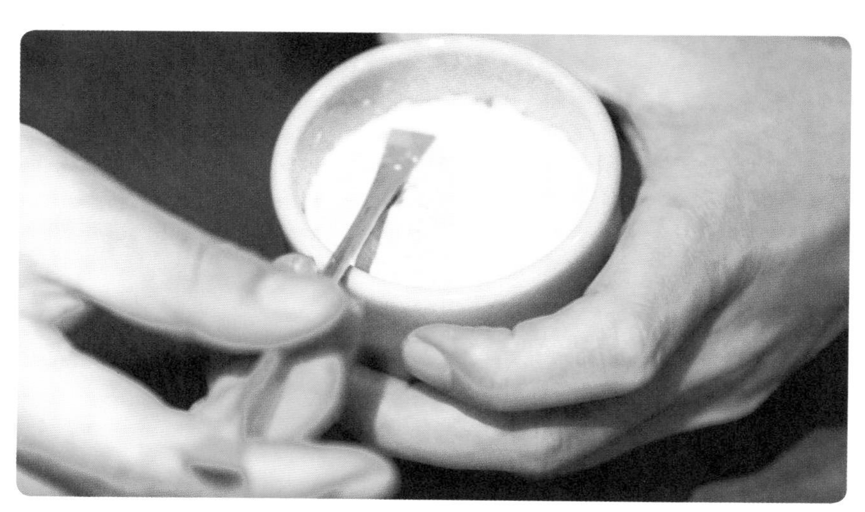

4 理灰

第五步打香筋。将香炉分成六个区域，其中五个区域用香箸按顺时针顺序打上香筋，剩下的一个是开口（火窗）部分，是鼻子闻香的方位。

第六步探火孔。用香针在香灰中探出一个气孔，通达香炭，以利于香炭的燃烧（或者不让香炭完全埋入香灰，而是微微露出），可以借助香灰控制香炭的燃烧速度。香炭埋入香灰的程度视香品的特点而定，需要香炭的温度较高可以埋的浅一些，反之则可以深一些。

6 探火孔

第七步放置隔片。在气孔开口处可放上云母片、银箔等材质的隔片，将香品放在隔片上。

第八步置香。将香品置于隔片之上。

第九步品香。若是小香炉，可以一手持炉底托起香炉，一手轻笼以聚集香气，靠近香炉缓缓吸气品香。注意呼气时不宜正对香炉，可将头转向一侧换气。

7 放隔片

8 置香

第十步写笺。品香程序结束后，可请雅集者书写品香心得。以主客顺序将唱和之作写于长笺之上。书写内容不拘泥于对香味的感受、描述，而应写出品香的心灵感受、精神层面的东西，把人生的感悟、艺术的联想含蓄地描绘出来。主香人事后可将香笺收集装订，作为一次雅集的记载予以保存。

香席

203 隔火熏香对香炉有什么要求

隔火香的香炉要求炉身较高，便于埋炭；口径较小，便于品香。选择香炉时要大小适宜，以好握、香气集中、不烫手为原则。

隔火熏香香炉

204 隔火熏香对香灰的要求有哪些

隔火熏香对香灰质量要求较高，以洁净、松软、通气性好为佳。香灰不能有异味，不能破坏香的香性，要保持香品的原香；香灰的通气性好，便于香炭的燃烧。

香灰可用松针、荷叶、杉木枝、宣纸等煅烧成灰，去色，去味。或者选用原生态硅藻泥，融合上等老宣纸和经年天然松针，经过高温煅烧成灰，用瓷罐防潮密藏。若久未得火，潮气过重，应先用炭烘烤去湿后使用。

205 隔火熏香对隔片的要求有哪些

隔片即用以隔开香灰与香品的薄片，其主要是为保持隔面上恒温，不让香炭或香灰味影响品香。隔火片以传热性好、美观实用为原则，常用的材质有陶片、云母、玉、银、石、瓷、铜等，最佳材质是陶。熏香在古代是雅玩清赏之属，所用器具不是以材料的珍稀和价格贵贱来评判优劣，而要看是否文雅。所以古人的隔火片多是自己制作，而且古人最崇尚的是陶片或瓷片，有的做出造型，有的雕刻纹饰，再磨成如纸的薄片。用陶片或瓷片熏香可使香气更加温润纯正。

隔片

206 隔火熏香对香炭的要求有哪些

香炭的形状、大小要根据香炉来选择。香炭原料质地的好坏，直接影响到熏香的效果，所以香炭的制作及用料十分考究。常用各种物料精心合制，如木炭、煤炭、淀粉、糯米、大枣、柏叶、蜀葵、干茄根等。要求香炭不能有异味和烟气，且易于燃烧。

207 隔火熏香时应如何选择香材

一次品香用到的香材一般不超过四种，以沉香为主。香味设计一般是由轻至重，由低到高，由普品到精品。

选择香材要考虑气候、环境、品香者的水平等因素。也要因人而异，了解客人感受气味的轻重和喜好。一般规律是：

① 口味较重者（如常饮酒、吸烟、吃辣者），适宜味道较重的香材；喜食清淡、性情儒雅者，大多倾向味道细长而优雅的香材。

② 年龄低者，选香味动感较强的生结类香材；年事高者，选气味平和的熟结类香材。

隔火熏香香材

208 日本香道何时出现

日本香道文化起源于6世纪前后，当时香仅于寺院重要法会活动时燃香供佛、清净坛场之用。后来香从佛坛走向王宫贵族，贵族们用香净化居室、头发及熏香衣服，于是焚香的风气逐渐传开。

日本香道指的就是隔火熏香。隋唐时期鉴真和尚东渡日本，把大量的香料、药材和熏香文化传入日本，如麝香、沉香、檀香、龙涎香、甲香、安息香等。

209 日本香道的流派有哪些

日本香道主要流派是御家流和志野流。在日本，正式学习香道需经四年才能得到“初传”证书，第一年学习闻香，第二年学习香灰造型，第三年进入综合练习。严格的修习制度终使香道在日本成为以修养第一、闻香次之的一种艺术形式。

210 单品香与合香有什么区别

单品香是以单一香料为原料制成的香品，是香文化发展过程中早期的产物，药性较单一。

合香是以多种香料配制的香品，但合香不是简单的香药组合。合香注重药性的和合，是调和各种香料，使气味和谐，且产生合乎调香者诉求的一种技术。3世纪时，合香已较多使用。合香种类丰富，有熏衣熏被、香口香身、美容养颜等用途；有熏烧、佩戴、涂敷、内服等用法；形态上可制成线香、塔香、香丸、香囊、香饼、香粉等。

211 合香时应遵循的原则是什么

合香应遵循君、臣、佐、辅（使）的原则组成各种方剂，制成各种剂型、各种形状的香品。《香乘》提出：合香之道要在使众味合一，不能让各种香料的味道各自为政。

合香应遵循的原则为：秉承阴阳五行相生相克的原则配伍臣药；君药要性情包容柔和，如沉香、檀香；臣药以辅佐为主，不能盖主；佐药较为灵活，规守五行；辅药调和众香，如甲香、甘草。

212 合香时君药的选择要求是什么

合香的顺序是：先定主客，主药即为君药，君药需选择味道包容柔和又特点明显的香材。君药当有土之德，可包容众香，忌味道太过霸道独特，君药的味道应既可包容臣佐又不可泯灭他香。

213 传统制香对黏合剂有什么要求

传统制香讲究“香气养性”，要求黏合剂不仅要有良好的黏合作用，而且最好同时具有与香药和性的基本条件，甚至其本身也是一味香药。其中能归于阳明经而和于脾脏的黏合剂是最佳选择。因此合香多用榆树皮为黏合剂，榆树内皮具有良好的黏性，气息平和，性温而淡雅，同时具有归脾的功效和芳香的特点。其次白芨也是传统香中常用的黏合剂。

214 传统制香对水有什么特殊要求

制香过程中，水是不可忽略的重要因素之一，是香药和合的重要媒介。所以，古代合香十分讲究水的质地，纯净、活化、流动的江河水是首选，且以纯净的东流水为佳。从传统意义上讲，东流水有生发之机，有助于香品阳气的生发。所以，古代许多大一些的制香作坊多建在水质好的江河之畔。如山东济南的老香坊建在小清河畔，莱州的贡香坊建在王河之滨，西藏许多老的香坊也是如此。

还有许多香品要用“灵水”点化。所谓的灵水，是指某些特殊地域、时间、场景的水，如五台山、泰山、普陀山、崂山等名山大川特殊水源的泉水，以及三月三雪水、雨水节气时的雨水等某一时段的雨、雪水。历史上还有苏东坡采梅心雪水和合梅花香膏“雪中春信”的记载。

215 香品依据原料的天然属性如何划分

香品依据原料的天然属性可分为两种：天然香料类香品（天然香）、合成香料类香品（合成香）。

216 什么是天然香料类香品

天然香料类香品即“天然香”，包括单香、合香，是指以天然香料及其他天然材料（如药材等）为核心成分的香品。此类香品中不含有任何化合物。天然香料类香品除气味芳香，还有安神、养生、祛病等功效。

217 什么是合成香料类香品

合成香料类香品即以化学合成香料为核心成分制成的香品，其原料大多取自与芳香动植物无关的原料，如煤化工、石油化工产品等，能近似地模拟天然香料的香气特征。

218 合成香与天然香的区别是什么

合成香料的芳香与天然香料有很大差异，合成香不具有天然香料的医疗养生功效。而且有些非正规生产单位生产的化学香，其原料在焚烧中可能产生对身体有害的成分。近年来，人们已经意识到化学产品存在许多弊端，因此，“绿色”“自然”已成为当代制香、用香的发展方向。

219 天然香料如何分类

天然香料是指以动植物的芳香部位为原料，采用物理和生物化学方法进行加工提制而成的芳香物质。可分为动物性香料和植物性香料两大类。常用的动物香料多为动物体内的分泌物或排泄物，约有十几种，常用的有麝香、灵猫香、海狸香、龙涎香几种。现已得到有效利用的植物香料约400余种，植物的根、干、茎、枝、皮、叶、花、果实或树脂等皆可成香，如取自果实部的鸡舌香、取自木材的檀香、取自树脂的龙脑、乳香等，大都可入药。天然香料除了用于祭祀、熏香外，还常用于镇静止痛、改善睡眠、杀菌消毒等医疗养生方面。

220 天然香料有哪些形态

天然香料的形态有两类：一是原态香材，是指芳香原料经简单加工制取的树脂、木块、干花等。二是芳香原料的萃取物，包括香精油、香膏等，是多种成分的混合物。

天然香料制成的线香

221 手工制香的步骤是怎样的

① 制备香料：用搅拌机或人工将香料打成细粉。

② 和料：选定君、臣、佐香料，加入适当的粘粉、水均匀搅拌。

③ 成型：制成线香、盘香、塔香、香饼、香丸等。

④ 晾晒：盘香（阴干）线香晾晒。

⑤ 包装：防止香受潮，便于储存和运输，也有防止香气挥发的作用。

⑥ 窖藏：短则3~7天，多则两个月。

222 如何制作香囊

首先选定香方，将所需香粉准备好，如美容香方（玫瑰+胎菊+百合+

丁香等），然后将选定的香粉放置于拌香碗中均匀搅拌；选定香囊（中间放置棉花），用香勺将香粉填埋至香囊中心位置，将香囊打结后挂在颈间、放置在包上或悬挂在车内等。

223 如何制作线香

①准备好制作线香所需材料，如沉香、檀香、粘粉、花草香粉、蜂蜜、水等。

②调香泥。将香粉、粘粉充分混合，加水调成面团状，以不粘碟壁为适中。用勺反复将香泥从四周往中间叠压，充分调匀，加大香泥密度。

③挤线香。将香泥放入针筒中，尽量塞满针筒，加强线香密度；用双手在案板上挤出香泥成线香，挤线香时，针筒离案板10厘米左右，不要太矮，否则易断，随着线香的挤出和手向上或向下的移动，线香就会平铺在案板上。切线香时，可略微长于所需长度，方便整形。

④初步理形。观察线香，如有气泡，线香就需重做，不然干后易断；用直尺和小刀，将线香切成所需长度。应注意如线香有些粘直尺，可稍干后再切除多余部分；不要只切一头，要切除形状不整齐有气泡的那头；切下部分，重复步骤三、四，再挤成线香，最后剩的香泥，放在一边备用。

⑤窖藏保存。用封口袋装好线香，放于阴暗处半月左右，即可用香筒或香盒保存。

手炉

3 燃香与品茶

现代茶席上，

香与茶再相聚。

焚香怡情，品茶养性，

茶席间香气霭霭，馥郁撩人，

平添多少雅趣。

224 香与茶是怎样的关系

点茶、焚香、插花、挂画被宋人合称为“四艺”，是古代文人雅士追求雅致生活的一部分。此四艺，通过嗅觉、味觉、触觉与视觉品味日常生活，将日常生活提升至艺术境界。这与现代人追求的生活美学与讲究个人品味的生活态度极为一致。

品茶、焚香，若单一品评，虽不失雅致，但茶饮与清幽飘渺的香气共赏则更佳。喝茶时点一支沉香，整个环境都可香气霭霭、馥郁撩人，有很好的助兴作用。焚香，不仅可以作为一种艺术形态融于整个茶席中，同时以它美妙的气味弥漫于茶席四周的空间，使人在嗅觉上获得舒适的感受。

香与茶

225 茶席上用香有什么讲究

茶席上所用香品可以是香粉、线香（卧香）、香丸等。线香是最常见的一种香品，茶席上使用的线香，以自制更佳。香因茶而润，茶因香而妙，茶与香交融，往往会令品茶者得到不同于以往的品饮乐趣。

226 品茶时焚香的几种常用形式有哪些

从用火的方式看，中国传统熏香方式主要有直接熏烧和隔火熏香两种。其中，隔火熏香是一种考究的用香方法，不直接点燃香品，而是以专门制作的香炭为燃料，通过隔片炙烤香品，可免于烟气熏染，有利于香气释放更加舒缓、温润，香韵悠长。虽然“熏”香不如“烧”香来得简单，但其香气更为醇和宜人，而且能增添更多情趣。

227 品香时选用什么香品为宜

从香味的角度选择，有单品香，最常使用的有沉香、檀香；还有将各种香药研成细末，依据香方的比例混合而成的合香，可以以粉熏烧或制成香丸、香饼等。单香更注重品质，而合香则侧重各种香材混合而达到整体和谐统一，两种香各有特色。

茶席用香，以茶为主，香为辅，篆香、线香与丸香都是不错的选择。

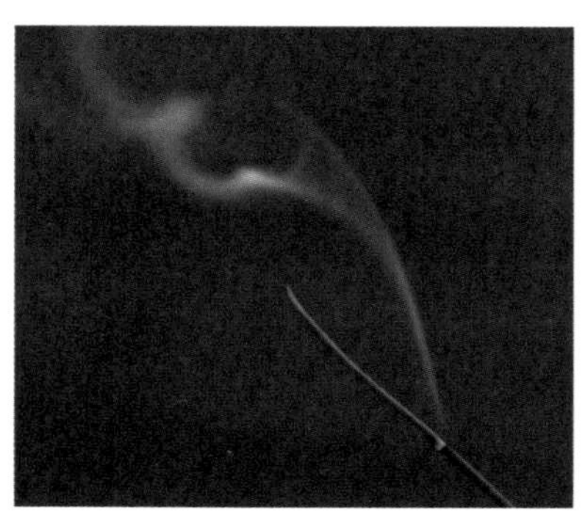

香烟

228 什么是香席

香席体现的是一种综合美，是通过行香过程来表现心灵的境界和内容。所以，香席既不是单纯嗅觉上品评香味的品香，也不是与宗教活动有关的焚香，而是一种以香为媒介进行的文化活动。

229 香席的基本礼仪有哪些

香席入座，每席以一主三客为宜，人多会因递香时间过长，引起香气涣散，达不到闻香效果。品香的基本礼仪有：

①入香席前，身上不可有香水味或各种异味、臭味，防止破坏香的醇厚、甘甜。并可取下会妨碍闻香行为的物件，如戒指、手表等。

②双手要清洗干净，尤其要清除指尖污秽，否则是对香席的不尊重，也是对主人和其他客人的不尊重。

③香会结束前，不私语，不中途退席。

④品香过程中轻拿轻放。

香席

230 香席间的品香步骤有何讲究

若是小香炉，可以一手持炉底托起香炉，一手轻罩以聚集香气，靠近香炉缓缓吸气品香。注意呼气时不宜正对香炉，可将头转向一侧换气。

品香分头香、中香、尾香，每一层次的味道不同。头香一般是清凉、辛麻凉，中香一般浑厚，尾香一般余味回甘。芽庄、奇楠各自的特点更明显一些。

主香人每出一香，于三巡（主客三次闻毕，依法传向左手下一位，直到传回炉主手中为一巡）后换香，另出一炉；待三次炉出，香事结束。巡香时，炉主调香定味后，右手执炉颈，放炉于左手上（左手平展，手心朝上），右手手掌弯曲搭附于炉外壁，于右手拇指处闻香三次。每次闻香不超过10秒钟，不可朝炉中呼气，呼气时抬头离炉右转呼吸。第一次初品，感受香味；第二次鼻观，体验香趣；第三次意受，神思联想。香席品香是一门生活艺术，每一道品香完毕后还要在香笺上写下心得。

231 焚香时有哪些要求

古人在焚香时都有一定的要求，概括为四要：

第一，要心净、身净、香具环境净；

第二，香具要齐备；

第三，理香。理香是指在上香前要对香进行整理；

第四，选香。

焚香一定要选择好的香品，才能有好的效果。

232 如何设置品香的环境

中国传统的品香过程是“近闻其香，远品其馨”，所以大多数品香的香舍、精舍要求宽敞、明亮、通风，这样才会使香气具有回旋、与空气和环境融合的条件。品香者在香床上舒缓而坐，离香几三到五尺的距离，既可闻香品馨，又可观香烟变化之奇妙。

233 品香能产生怎样的感悟

品香的过程使我们更加敬天畏地，感恩大自然。

首先观篆，香篆点燃，一火如豆，忽明忽暗，香篆徐徐变为灰黑，字图易色，饶有情趣。助人静思，使人顿悟兴盛衰败，高峰底谷之理。

其次观烟，香篆乍燃，青烟袅袅，端坐观之：或细烟高直，使人生一帆风顺之感；或徐徐盘桓，如与智者娓娓清谈；或由高忽低，铺地艰进，使人顿觉生之艰难；忽而奔腾澎湃，如波涛汹涌，似人生青云直上；或时如峭壁之松，波折直起，又使人感悟人生之险。如此种种，任凭品香者心想感悟。

234 品香时应注意什么

品香时，人与香品保持一尺（33厘米）左右距离，用手往鼻端轻扇香气，让散开在空气中的香气自然入鼻。不能靠得太近，也不宜直接对着烟闻，因为烟气过于浓烈，味道会失真。品香时应把单边门窗微开，保持一定的空气流通，但不能把门窗全开，应避免空气对流。

235 用沉香煮水有什么好处

沉香能静心定心，其动人的部分既在其“沉”——沉静内敛的品质，也在其香——一旦成就，无论煎熬、侵蚀、粉碎、研末，香气永不消散。用这样好品质的香材煮水喝对人身体有好处，但不是所有的沉香都适合煮水。沉香煮水需用上好的香材，如越南芽庄的沉香。一般用2克左右，前1、2泡的沉香水可倒掉，一片沉香可煮很多次，一般可煮1~3个月。用沉香煮过的水微甜，热的沉香水可以养胃，冷的沉香水能缓解便秘。

236 用沉香煮过的水泡茶有什么好处

用沉香煮过的水泡茶，香气摄人，茶色呈淡淡的金黄色，口感温润软滑，有淡淡的甜味。一般来说，沉香水适合沏泡发酵度高的茶品，如陈年普洱等，能使茶更醇更香。常饮沉香茶，有益身心健康，沉香茶有镇静止喘、排毒养颜、增强体质、减肥降脂的作用。

香品的选购

237 为什么要在信誉好的商家购置天然香料

古代所用的香大都是天然香料，但现在，化学香料已成为制香的主要原料。因为化学香料不仅能大致地模拟出绝大多数香料的味道，其原料（如石油、煤焦油等）易得，成本价格极其低廉，并能轻易地产生非常浓郁的香味，所以它很快就取代了天然香料。

而作为化学产品的合成香料虽初闻芳香四溢，但多用却有害健康。喜欢香的人，当然以天然香料为用香首选。刚接触香料的人，在信誉良好的商家购买香料，可以最大限度地保证买到的香料不是以化学香料假冒天然香料的香品。

238 初识香者应该如何选择香品

初识香者应根据香品的品质特征、功能特征和自己的需要选用香品。

由于传统香使用的是天然香料，在常温下一般没有明显的香气，净心细品会略有淡淡的香料气息，不会有香气浓重、熏眼刺鼻的感觉，点燃后会有淡淡的香气，且香气舒缓清雅，留香持久。

天然香料

由于传统香在配方、功效上不尽一致，每款香除其共性以外还有自己的个性，从用药、制作工艺、窖藏时间方面都有特殊的条件和要求，用香者可根据不同的需求进行选择，也可请现场的销售人员提供相关介绍与说明。

239 优质香品的鉴别要点是什么

香气从口鼻入，通于肺腑气血，对身心两方面都有直接的影响。所以，好香既要芳香宜人，还需不危害健康，且能调养身心，这应是鉴别香品的基本原则。可以说，其芳香是形式的，即“文”的方面；其养生是内在的，即“质”的方面。以养生养心为基础，达到芳香宜人，才是文质相成。通常人们可以根据原料、香气、外观等进行香品的鉴别。

240 优质的香品香气方面有什么特色

对于普通用香者来说，很难从外观上判断出香品的质量，所以品味香气是最直接也是较为可靠的鉴别方法。香品种类繁多，香气风格各异，没有统一的鉴别方法，但品质较好的香一般都具有以下特点：

① 香气清新，久用也不会有头晕的感觉。

② 能醒脑提神，有愉悦之感，但并不使人心浮气躁。

③ 香味醇和，浓淡适中，深呼吸也不觉得冲鼻。

④ 香味即使浓郁，也不会感觉气腻，即使恬淡，其香也清晰可辨。

⑤ 没有“人造香味”的痕迹，香气即使较为明显，也能体会到一种自然品质。

⑥ 使人身心放松，心绪沉静幽美。

⑦ 有滋养身心之感，使人愿意亲之近之。

⑧ 气息醇厚，留香较为持久，耐品味，多用也无厌倦之感。

⑨ 天然香料作的香，常能感觉到在芳香之中透出一些轻微的涩味和药材味。

⑩ 较好的熏烧类的香品，其烟气浅淡，为青白色。

241 外观华美的香品就是优质香品吗

对普通大众而言，除了以香品外观形状的完好程度判断香品品质，最好是通过香气来判断。

香的原料在制作过程中都要经过细致的粉碎、搅拌处理，在成品中很难看出材质的特点。利用化学染色剂可以调出漂亮的颜色；利用特殊的化学添加剂可以轻易使香品表面变得光滑洁净；利用低劣的化学香精就可以发出很浓的香气；在包装上更容易冒充优质高档香品。而用天然香料做的香，颜色其实大多偏灰、暗，表面也比较粗糙，外表并不靓丽。所以，香品外观所能提供的信息非常有限，质优香可能外观平平，质劣香可能外观华美。应注意不要被香品的外观所误导。

242 香的重量、体积与香的品质有关吗

重量和体积不是鉴别香品的关键要素，鉴别香品还是要多了解香品的制作工艺及相关信息，综合各方面因素分析。

一般来说，线香和盘香越重，香品未必越好，但大部分很轻的香品质量都较差，有很多是使用了草木粉之类的原料；也不要单纯通过香品的体积来判断香品优劣，许多很粗很长的香，其实材料很疏松。

243 香的价格高低与香的品质的关系是怎样的

天然香料与合成香料的价格悬殊，成本相差很大，天然香的价格远远高于合成香，通常会高出数倍以至数十倍，合成香一般价格较低。

244 如何储存香品

香品的储存方式对香品的质量有很大的影响，不同种类的香品要有不同的储存方式。如果储存得当，储存得越久香品的品质越好。好的香品经长期储存，香气会更加纯正而平和，无燥气，香韵会更加温润持久。

防潮湿、防践踏、防虫蛀、防火、防变性是储存香品的基本要求。为防药性及香气混杂，每一个品种的香品最好单独存放。配方相同，形制不同的香品可以一起存放。香饼、香丸、香膏、香粉类香品最好放置于瓷罐之内密封储存，有条件的，将香品置于地窖之中是更好的储存方式。线香、盘香类香品最好置于木匣内平放，既可防潮、防干燥、防损伤，不至于变形弯曲，还有利于香药的进一步和合及长久储存。

245 断香不太好用，有什么好办法继续使用吗

传统的线香、盘香通常使用天然黏合剂，为了保证最优的香效，黏合剂一般控制在最少量，韧性较小。所以在运输和取放的过程中易折、易碎，使很多用香人很苦恼，弃之浪费，用之无方。

实际上，断香仍然可以很方便地使用。一般可以将断香平放，首尾相连，还可以“N”字形相连，在连接处放一点香粉，这样断香就可以连续燃烧。而且，这种方式还可以自己确定燃香时间的长短，需要时间长就多排几支。另外整支的线香也可以用这种方法来调整燃香时间。

246 如何利用烧剩的香根

经常燃香的人，对香炉中残留的香根常常会感到头痛。实际上香根处理起来十分简单，方法是：先用香铲或香匙在香炉中间挖一个坑，深度约为炉灰的三分之二，然后用香夹取十余根香根点燃后放于坑中，再轻轻埋

品茶、品香

上香灰，在坑中打一个洞便于通气，这样香炉中的香根就会全部燃尽，而且炉中的香灰也会干燥松软，成为活灰。

247 怎样选择家居类香品

选择家居类香品，首先要考虑香品是否有益健康，最好选择传统天然香药类香品。香品的选择可以从如下几个方面入手：

① 如果选择方便实用的熏烧类生活用香品，盘香为好。盘香燃烧时间长，若使用有盖的香炉，还可以减少香烟中的烟尘量，有益于健康。

② 如果选择供香类，北方干燥地区最好不要选择签香类香品，线香品质会更好，潮湿的沿海和南方地区可选择签香。

③ 根据自己对香气的喜好，可选择香气浓郁的或淡雅的。

④ 举办熏香雅会可以选择传统的香膏、香丸等香品。

248 如何处理潮湿的香灰

香灰潮湿，容易造成“香尾”（或称“香根”）燃烧不尽的现象，可以把香灰翻动后在太阳底下晒干，也可以把剩余的香根、香头堆到香灰中间点燃，如对香根的处理，之后再燃香一般就不会截火了。

249 居家熏香的好处有哪些

在家里熏香有很多好处，可以在读书品茶时燃上一支自己喜欢的香，彻底放松身心，提高生活质量；如有客人来访，可提前点上一支香，这不仅是一种待客的礼节，是对客人的尊重，同时也体现了主人的高雅品位；沉香具有舒缓神经的作用，对失眠、多梦等有一定的调理效果，睡前点一支上好的沉香能静心安神，有助于睡眠。此外，沉香的香气可以清除房间异味，净化环境。

250 线香有没有保质期、会过期吗

沉香线香可以保存很长时间(至少十几年），不会变质和腐坏，所以沉香制成的线香短时间不会过期，这也是很多线香包装上都没有保质期字样的原因。虽然可以保存很长时间，但是保存的方法和位置需要注意：要把香放置在温度均衡的环境下，不能潮湿，也不能暴晒，可以密封起来放在家中的抽屉里，放1、2年再拿出来用，味道不会受到什么影响，反而会更纯更好。

251 香道的“六国五味”是什么意思

“六国”是指沉香的产地，分别是伽罗（越南）、暹罗国（泰国）、真那贺（马来西亚）、真南蛮（印度东岸）、寸门多罗（印尼苏门答腊群岛）、佐曾罗（印尼苏拉威西）。这些沉香的产地名是沉香最初渡来时产地的历史地名。

“五味”是酸、甘、苦、辛、咸，指的是沉香的气味。其中，伽罗沉香的味道偏苦；真那贺沉香的味道浓烈，给人一种艳丽感；暹罗国沉香味道略甘；真南蛮沉香带有甘甜的味道；寸门多罗沉香以酸味为主；佐曾罗沉香酸涩冷冽，有轻柔的余香。

252 如何保养沉香手串

沉香手串是比较好保养的。沉香手串不怕自然界的水，如雨水、汗水、自来水等，却不能沾有洗涤用品的水，如肥皂、香皂、洗衣粉水等，特别是洗发水，否则沉香手串表面分布的油就会因和洗涤用品产生化学反应被清洗掉，沉香手串的香味就会变淡。但也有个补救办法，即用很细的砂纸轻轻打磨一层。沉香手串不佩戴时，就用塑料袋封装，最好放在阴凉处。晚上睡觉时也这样保管，早上起来拿出来闻一闻，会发现香味很浓。沉香的香味会通过人体的体温散发，所以应常戴在身上。但佩戴时要多加

沉香手串

爱护，不要在太阳下暴晒。

沉香手串佩戴时也会形成自然包浆，味道会淡一些。

253 沉香雕件常温下有香味吗

现在的沉香除了熏香还被用来制作雕件、手串饰品等，不过因为沉香在常温下香味散发比较慢，一般香味明显不如熏香时浓郁，通常只有靠近才会闻到一些香味。

254 沉香手串在冬天香味会淡吗

冬天天冷，沉香手串或者雕件的香味会变得非常淡。因为冬天气温太低，导致本身就挥发不快的沉香油脂挥发得更慢，香味不容易散发出来。另外，冬季气候干燥，空气中的水分少，从而让挥发出来的油脂扩散得更慢，香味也就散发得更淡了。

255 沉香的香味会变淡和消失吗

沉香的香味会随着时间的推移而变得越来越淡吗？真正的沉香木会随着时间的流逝变得越来越香，而赝品沉香的香味不久就会变淡或者消失了。真正的沉香的色泽会随着时间的推移变得越来越深，油脂线也越来越多，然后形成包浆，这是鉴别沉香真伪的重要标准。

256 中国人用香的观念是什么

中国人用香的目的首先是道德的自律和养生养性。香气在中国的传统观念中是美好、高尚、吉祥和道德品质的象征，是人天、性命、人与社会高度和谐的结果。中国人用香的形式多样，最主要的是熏香，通过焚烧或加热香品而使香气弥漫于特定的空间之中，在不同的环境中感受香对人的不同作用。用香不仅作用于人，同时还会改善人们的居住环境。中国人的熏香，追求的不仅是芬芳宜人的香气，也是心灵的熏染和滋养。

257 西方人用香的习惯是怎样的

对香气的喜好与需求不是中国人特有的，而是人类的共性，不同的仅是用香的形式和对香的不同感受而已。这种形式和感受的不同，表现出的是文化的差异。西方人比较注重直接的、单一的功用。比如，西方人制香的重点在香气的分类和提取，使用香比较便捷，一喷即可。他们追求的主要是气味的改善，以满足嗅觉的需求为主要目的，此外还有身份的象征等其他用途。

258 熏香养生时有哪些注意事项

熏香养生时应选择有特定配方的针对性较强的香品；选择大小适宜的用香空间；要达到足够的用香数量和频率，使用香空间的香气保持足够的浓度；用香空间应适当控制空气流通，空气流通不宜太快，更不宜长时间处于封闭状态；选择恰当的用香时间，如身心放松时、安静时、睡眠时等。

259 居家熏香应注意什么

居家熏香首先要注意香品的选用，使用天然香材制成的香品不会对身体造成伤害；其次，熏香最好在客厅、书房等区域，让香气自然散发到卧室较好；第三，香气的浓度不宜过大，应保持一定的空气流通；第四，熏香时间不宜太长，如果用线香，每次用1~2根即可；最后，一定要注意安全，应使用正规香具熏香，而不是把点燃的香随意放置，注意防火。

除传统炉具外，居家熏香可使用电香炉。电香炉散发的香气较淡雅，而且少了明火焚香的安全隐患。

电香炉

260 什么情况下不宜熏香

家里有肺部和上呼吸道疾病患者、肺心病患者不宜用香。

香材本身常作为药物使用，但每种香材具有各自的作用，同时使用也有一定的禁忌。用香前应对使用的香材的功能认真了解，必要时应请教医生，以保证用香的妥当安全。另外，处于孕产期等特殊时期的女性用香应慎重，婴幼儿不宜用香，过敏体质的人用香时应注意身体有无不良反应。